다육식물의 품종명은 성장 과정에 따라 품종의 판정이
어려운 경우도 있으므로 계통만 표기한 곳도 있습니다.

다육식물 인테리어

학습연구사 편집 | **정원민** 옮김

옥당

CONTENTS

언제나 내 곁에, 다육식물

도톰한 잎이 특징인 다육식물. 가드닝과 인테리어 애호가들의 관심이 식을 줄 모르는 아이템이다. 인테리어 소품으로 사용해도 될 만큼 앙증맞을 뿐 아니라 생존력이 강하고 손이 많이 가지 않아 초보자도 쉽게 키울 수 있다. 어떤 정원이나 실내 인테리어에도 잘 맞아서 누구나 힘들이지 않고 활용할 수 있다. 게다가 좋아하는 생활 잡화와 함께 장식하면 자기만의 독특한 분위기를 연출할 수 있어 빼놓을 수 없는 인테리어 소품으로 인기다.

품종이 많은 것도 다육식물의 장점이다. 커다란 꽃송이 모양의 품종, 화분에서 흘러내리듯이 자라는 품종, 가을이 되면 붉게 물드는 품종, 은색으로 반짝이는 품종 등 다육식물은 보는 이의 눈을 즐겁게 해준다. 각각의 개성을 살려서 이들을 장식하고 모아심으면 생활공간에 자연을 옮겨온 듯한 포인트를 줄 수 있다. 생활공간에 다육식물을 자연스럽게 배치한 고수들의 노하우를 참고하여 센스 있는 다육식물 인테리어를 시작해 보자!

Point 1

흙이 없어도 잘 자란다

물이끼를 깔아주는 것으로 충분하다.

Point 2

떨어진 잎도 뿌리를 내린다

생존력이 강해 가족과 친구가 계속 늘어난다.

Point 3

색과 모양이 풍부하다

용기에 여러 종류를 섞어서
모아심기를 하여 즐길 수 있다.

식물 킬러도 할 수 있는 다육식물 키우기

좁은 공간에서도
키울 수 있다

넓은 정원은 필요 없다.

다육식물에 필요한 것은
쾌적한 환경과 물뿐!

다육식물과 친해지기

수많은 다육식물 중에서 특히 사람들에게 사랑받는 다육식물이 있을까?

생활 잡화에 조화롭게 심어서 장식한 다육식물을 잘 키우려면 어떻게 해야 할까?

이 장에서는 다육식물 중에서 대표적인 품종과 계통을 알아보고 어떤 환경에서 잘 자라는지 배워 보자.

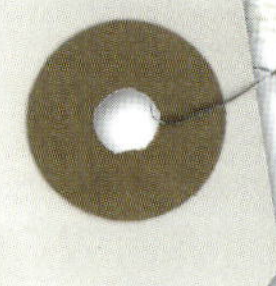

1. 다육식물 키우기

다육식물을 키울 때 알아 두어야 할 지식을 모아 보았다. 튼튼한 식물로 알려졌지만 예민한 성질도 있으므로 잘 기억했다가 제대로 관리해 주자. 간단한 요령을 익히면 다육식물은 무럭무럭 자라서 특유의 아름다움을 뽐낼 것이다.

다육식물의 특징

두꺼운 잎과 줄기

열대지방이나 사막, 눈이 내리는 지역에서도 자라는 다육식물의 원산지는 광대하다. 모든 품종에 공통점이 있다면 건조한 환경에서 자란다는 것이다. 그래서 잎은 건조한 환경으로부터 몸을 지키기 위해 수분을 저장하는 기능을 한다.

독특하고 사랑스러운 모양

품종이 다양한 다육식물은 그 모양도 여러 가지다. 많은 품종이 아름다운 꽃을 피우고 단풍도 감상할 수 있다. 모종으로 판매할 때가 많아서 키우는 동안 변해가는 모습을 즐기는 재미도 쏠쏠하다.

기본 품종

1 군생하는 품종

2 위로 자라며 군생하는 품종

3 흘러내리며 군생하는 품종

4 옆으로 자라는 품종

5 키가 자라는 품종

6 가지를 치며 우거지는 품종

 **튼튼한 모종 고르기**

요즘은 원예점뿐만 아니라 인테리어 가게에서도 다육식물을 파는 것을 볼 수 있다. 살 때에는 햇빛이 잘 들고 통풍이 잘되는 곳에서 자랐는지 확인해야 한다. 벌레 먹지 않았는지도 확인하고, 재배 방법을 알아 두려면 어떤 품종인지 확인하고 사야 한다.

튼튼한 모종

햇빛이 잘 드는 곳에서 자란 모종은 줄기가 튼튼하고 마디와 마디 사이가 촘촘하며 본래의 색을 아름답게 띠고 있다.

부실한 모종

가냘프고 호리호리하며 잎의 색이 바랬다. 줄기가 흔들거리는 것은 건강하지 않은 모종이라는 신호다.

1 적옥토

표면에 깔아서 자연스러운 분위기를 내는 화장토로 쓴다. 부엽토를 3할 정도 섞어서 바로 모종을 심을 수도 있다.

2 다육식물용 흙

다육식물이 건강하게 자라도록 통기성과 배수성을 고려해서 배합한 흙이다. 그대로 사용할 수 있어서 편리하다.

3 화분 밑에 까는 흙

보통 배수성을 높이려고 화분 밑에 깐다. 흙보다 입자가 큰 것을 사용하여 화분 밑으로 흙이 흘러나가는 것을 막는다.

4 장식용 모래

흙의 표면이 보이지 않을 정도로 뿌리는 모래다. 식물의 배경이 되어 잎의 색이 눈에 띄게 해 준다.

5 바크칩

나무의 칩이다. 작은 칩을 흙의 표면에 깔면 자연스러운 분위기를 만들어 준다. 큰 칩은 포인트가 된다.

6 물이끼

습지에서 자라는 이끼를 말려서 만든 것이다. 화분 주위에 깔고 흙을 넣거나 흙 위에 펼쳐서 사용한다.

 장소 고르는 방법

● 실외

가능하면 햇빛이 잘 드는 곳에서 키우는 것이 좋다. 햇빛이 잘 들지 않는 곳에서는 가지가 웃자라서 볼품없거나 잎의 색이 선명하지 않을 수 있다. 습기를 좋아하지 않으므로 통풍과 배수도 중요하다. 오랜 기간 비를 맞는 장소와 콘크리트 위에서 직접 키우지 않아야 한다. 고온다습하면 잎이 상할뿐더러 병충해의 원인도 된다. 장마철에는 지붕이 있는 장소에서 키우고 배수와 통풍이 잘되도록 신경 써야 한다.

● 실내

실내는 실외보다 햇빛이 들지 않아 일조량이 부족하기 쉽다. 겨울에만 실내에 두고 다른 계절에는 실외에서 키우기를 권한다. 실내에서 키울 때에는 햇빛이 잘 드는 창가에 놓고 하루에 4시간 이상 햇빛을 받도록 한다. 잎의 색이 변하거나 웃자라면 일조량이 부족하다는 신호이므로 낮에는 밖에 내놓는 것이 좋다. 또 실내는 통풍이 어려워서 병충해가 발생할 수 있으므로 습기가 많은 장소는 피하는 것이 좋다.

물 주는 방법

다육식물은 잎에 수분을 저장할 수 있으므로 건조에 강한 것이 특징이다. 한 달에 한 번 정도 물을 준다고 생각하고, 흙 속까지 마르면 물을 주는 것이 포인트다. 너무 자주 물을 주면 뿌리가 썩어서 마를 수 있으므로 잎의 표면에 주름이 생겨 시들해질 무렵에 주는 것이 좋다. 한 번 물을 줄 때 화분 밑으로 물이 흘러나올 정도로 듬뿍 준다. 물을 적게 주면 성장을 억제해서 아담한 크기로 키울 수 있다.

계절별 관리 방법

● 여름

품종에 따라 차이는 있지만 기온이 30도를 넘는 날이 계속되면 시원한 장소로 옮겨 준다. 오전에만 햇빛이 드는 곳에 놓고 오후에는 직사광선을 피하는 것이 좋다. 콘크리트나 남향의 벽은 햇빛이 강하게 반사되어 온도가 높아지므로 주의한다.

● 겨울

영하로 내려가지 않는 따뜻한 지역에서는 추위에 강한 품종을 실외에서도 키울 수 있다. 이런 때에는 햇빛이 잘 들어오고 비를 피할 수 있는 지붕 같은 곳에서 건조하게 키운다. 추위에 약한 품종이나 추운 지방에서는 실내에서 키우면 문제없다.

다육식물을 번식시키는 것도 다육식물을 키우는 재미 중 하나다. 여기서는 대표적인 세 가지 번식 방법을 소개한다. 번식 작업은 봄이나 가을이 좋으며 누구나 쉽게 할 수 있으니 꼭 도전해 보자.

잎꽂이

잎 한 장으로 번식시키는 방법을 '잎꽂이'라고 한다. 잘못 건드려서 떨어진 잎이라도 마른 흙 위에 올려 놓으면 뿌리와 새순이 나온다. 세덤이나 에케베리아를 번식시킬 때 유용하다.

1

몸통에서 잎을 뗄 때에는 밑동에 붙어 있는 부분까지 떼어 낸다.

2

떼어 낸 잎을 마른 흙 위에 놓는다. 뿌리가 나올 때까지 물을 주지 말고 약간 그늘진 곳에 둔다.

꺾꽂이

모체에서 줄기를 잘라 번식시키는 방법을 '꺾꽂이'라고 한다. 웃자라버린 가지를 정리할 때 시험해 보면 좋다. 크라슐라나 세덤처럼 키가 자라는 품종이 하기 좋다.

1

줄기를 자르고 꽂을 부분을 만들기 위해 아랫부분의 잎을 떼어 낸다. 줄기는 통풍이 잘되는 그늘에 놓는다.

2

4~5일 후에 자른 부분이 마르면 마른 흙에 심는다. 뿌리가 나올 때까지 물은 절대로 주지 않는다.

포기나누기

모체의 옆에 붙은 새순이나 뿌리를 내린 모체를 나누는 것을 '포기나누기'라고 한다. 새순이 너무 많이 나면 뿌리가 엉키므로 포기나누기를 하면 좋다. 하월시아, 알로에 등이 포기나누기에 알맞은 품종이다.

1

화분에서 꺼낸 모종에서 가볍게 흙을 털고 엉킨 뿌리를 풀어 준다. 모체에서 새순을 조심스럽게 분리하자.

2

포기를 나눈 뒤에는 뿌리가 마르지 않도록 즉시 다른 화분에 옮겨 심는다. 물을 주는 것도 잊으면 안 된다.

2. 다육식물 심기

포동포동한 다육식물을 되도록 예쁘게 키우고 오래도록 즐기기 위해서 알아야 할 가장 간단하고 기본적인 심기 방법을 배워 보자.

1 모종을 꺼낸다

다육식물은 잎이 떨어지기 쉬우므로 만질 때 조심해야 한다. 상처를 내지 않고 화분에서 꺼내려면 밑에 난 구멍에 나무젓가락을 집어넣어 들어 올리면 꺼내기 쉽다.

2 뿌리를 정리한다

화분에서 꺼낸 뒤, 뭉친 뿌리를 가볍게 주물러서 풀어준다. 뿌리가 너무 길면 3분의 2 정도 되는 곳에서 자르고 상한 뿌리도 잘라낸다.

3 흙을 넣는다

화분에는 벌레가 들어오는 것과 흙이 흘러나가는 것을 막기 위해 밑에 철망을 깔아준다. 배수를 돕는 발저석을 화분 밑의 구멍이 가려질 만큼 넣고 화분의 반 정도를 흙으로 채운다.

있으면 편리해요!

기본 도구

나무젓가락
모종을 화분에서 꺼낼 때 편리하다. 젓가락 모양의 다른 도구를 써도 좋다.

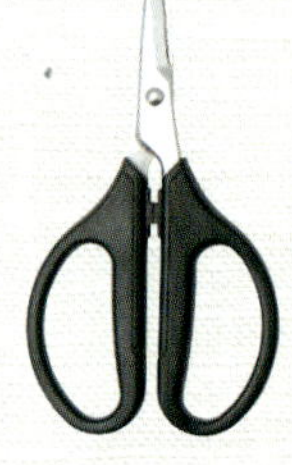

가위
마른 가지와 뿌리를 자를 때 필요한 원예 가위. 다육식물을 다룰 때에는 되도록 작은 가위를 쓴다.

흙 주입기
작은 화분에 모종을 심을 때는 삽보다 편리하다.

바구니에 다육식물을 심을 때 물이끼를 사용하면 편리하다. 나만의 특별한 장식에 활용해 보자.

1 물이끼를 불린다

마른 물이끼를 그릇에 담고 잠기도록 물을 붓는다. 10분 정도 그대로 둔다.

2 물이끼를 주위에 붙인다

손으로 가볍게 물이끼의 물기를 짜고 바구니 안에 눌러가며 채운다. 모종을 넣고 주위에 흙을 채우며 모양을 완성한다.

4 모종을 심는다

모종을 화분에 넣고 손으로 눌러가면서 흔들리지 않도록 흙을 채운다. 작은 모종은 뿌리를 핀셋으로 집고 심으면 편하다.

5 장식용 모래를 넣는다

모종의 둘레에 흙이 보이지 않게 장식용 모래나 이끼를 예쁘게 깔아서 마무리한다. 조개껍데기나 바크칩도 잘 어울린다.

6 물을 준다

마지막으로 물을 주면 끝! 처음에는 화분 아래로 물이 새어 나올 정도로 듬뿍 주는 것이 좋다.

핀셋

작은 모종이나 가시가 달린 모종을 심을 때 요긴하게 쓰인다.

숟가락

모종의 둘레에 장식용 모래를 뿌리거나 흙의 표면을 평평하게 하는 등 섬세한 작업을 할 때 쓴다.

물뿌리개

주둥이가 가는 소형 물뿌리개가 좋다. 주전자를 대신 사용해도 된다.

세덤

Sedum
돌나물과

다육식물 중에서 가장 많이 알려졌으며 다양한 모양이 인기다. 키우기 쉽지만 고온다습을 싫어하므로 통풍이 잘되는 곳에 두고 비를 맞지 않도록 주의한다. 예쁜 잎의 색을 즐기려면 비료를 적게 주어야 한다.

팔천대
Sedum allantoides

바나나 모양의 황록색 잎이 줄기에서 뻗어 나온다. 줄기가 자라면서 키가 크는 독특한 모습이 특징이다. 가을에는 잎끝에 붉은 단풍이 든다.

로티
Sedum sp. 'Rotty'

밑동에 새순이 많이 나며, 꽃이 피듯 자란다. 하얀 가루에 덮인 잎은 겨울이 되면 끝이 붉어진다.

오로라
Sedum rubrotinctum

붉은빛이 도는 짧은 원기둥 모양의 잎이 밀집해서 자란다. 물을 적게 주고 햇빛이 잘 드는 곳에서 키우면 화사한 색을 즐길 수 있다. 가을이 되면 전체가 붉은색으로 변한다.

파키피툼

Pachyphytum
돌나물과

독특한 색조와 둥그런 모양의 수분을 담은 잎이
특징이다. 건조해도 잘 자라서 키우기 쉬우므로
초보자에게 권하고 싶은 품종이다. 잎의 표면에
흰 가루가 덮인 품종도 있다. 가을에 단풍이 들면
색이 짙어진다.

도미인
Pachyphytum oviferum 'MOMOBIJIN'

부풀어 오른 잎에 흰 가루가 덮인 모습이 귀엽다.
잎끝은 적갈색을 띠고, 겨울이 되면 색이 짙어진
다. 봄에는 옅은 분홍색 꽃이 핀다.

월미인
Pachyphytum oviferum 'TUKIBIJIN'

흰 가루가 덮인 매끄러운 적자색 잎이 특징이다.
비료를 너무 많이 주면 잎이 떨어지므로 주의해
야 한다. 봄에 옅은 분홍색 꽃이 핀다.

글라우쿰
Pachyphytum glaucum

삼각형 잎이 방사선 모양으로 자란다. 잎 표면에
혈관처럼 생긴 옅은 무늬가 있는 것이 특징이다.
어두운 자색 잎은 겨울이 되면 더 짙어진다.

그랍토페탈룸

Graptopetalum
돌나물과

꽃을 닮은 아름다운 모습과 튼튼하고 키우기 쉬운 점이 특징이다. 햇빛이 잘 들고 통풍이 잘되는 곳에 놓고 물을 적게 주며 키운다. 추위에 강하므로 온난 기후에서는 집 밖에서도 겨울을 날 수 있다. 봄에 붉은빛이 도는 크림색 꽃이 핀다.

백모단
G×Graptoveria ‘TITUBANS’

에케베리아와 접목해서 탄생한 품종이다. 흰색 꽃이 아름답다. 잎은 봄과 가을에 옅은 자색을 띠고 잎끝의 뾰족한 부분은 붉은색을 띤다.

용월
Graptopetalum paraguayense

흰 가루가 덮인 옅은 분홍색 잎이 인상적이다. 밑동에서부터 새순이 나와 점점 번식해 간다. 추위와 더위를 잘 견딘다.

데비
G×Graptoveria ‘DEBBY’

에케베리아와 접목해서 탄생한 품종이다. 자색 잎이 아름다우며 가을에는 더 짙은 색으로 변한다. 몇 년 동안 키우면 새끼 그루가 나오는 것을 볼 수 있다.

에케베리아

Echeveria
돌나물과

잎과 꽃의 모습이 아름답고 날이 추워지면 붉게 변하는 색을 즐길 수 있다. 품종의 수가 많으며 잎의 형태가 다양하다. 햇빛이 잘 들고 통풍이 잘되는 곳에서 키운다. 물을 줄 때에는 잎 사이에 물이 고이지 않도록 주의해야 한다.

월영
Echeveria elegans

투명해 보이는 아름다운 백록색 잎이 꽃처럼 난다. 봄에는 잎 사이에서 분홍색 줄기가 뻗어 나와 꽃이 핀다.

고사옹
Echeveria 'TAKASAGONOOKINA'

잎 둘레가 잔물결 모양이고 겨울에 단풍이 든다. 잎과 밑동이 크게 자라서 보는 재미가 있다. 초여름에 분홍색 꽃이 핀다. 추위에는 조금 약하다.

여제
Echeveria pulidonis

약간 작은 편에 속하는 두꺼운 잎은 둘레가 붉은색을 띠고 겨울에는 색이 더 짙어진다. 봄에는 에케베리아로서는 드물게 레몬색 꽃이 핀다.

코틸레돈속 웅동자

Cotyledon ladismithiensis
돌나물과

새끼 곰의 발바닥을 연상시키는 잎은 가는 털로 덮여 있고 끝에 달린 가시에 단풍이 든다. 햇빛이 잘 들고 통풍이 잘되는 곳에 두고 물은 적게 준다. 가을에 오렌지색 꽃이 핀다.

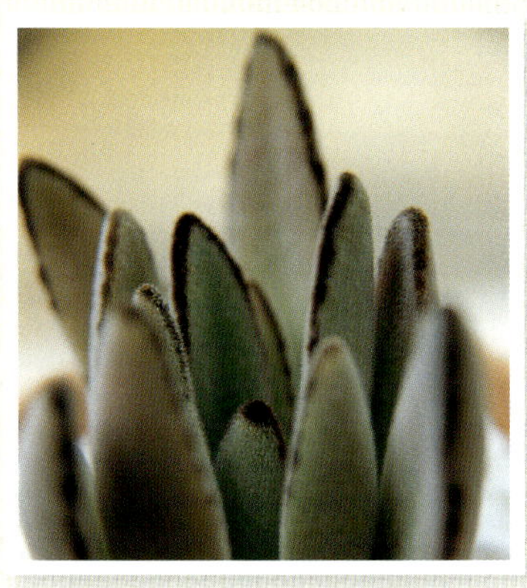

칼랑코에속 월토이

Kalanchoe tomentosa
돌나물과

잎이 토끼의 귀를 닮아서 월토이(月兎耳)라고 부른다. 솜털이 난 가늘고 긴 잎의 둘레가 다갈색으로 변한다. 더위에 약한 편이므로 여름철에는 직사광선이 닿지 않도록 한다. 크게 자라면 봄에 노란색 꽃이 핀다.

하월시아속 보초

Haworthia cymbiformis
알로에과

밝은 황록색의 잎끝이 붉은빛을 띤다. 잎에 무늬처럼 투명한 부분이 있다. 직사광선을 피해 지붕 밑이나 집 안 창가에서 키운다. 봄과 가을에는 흙이 마르면 물을 준다.

에오니움속 흑법사

Aeonium arboreum
돌나물과

검고 윤기 나는 잎이 꽃처럼 나서 인기가 많다. 햇빛이 잘
드는 곳을 좋아하며 빛이 부족하면 중심 부분이 녹색으로
변한다. 더위에 약하므로 통풍이 잘되는 밝은 곳에 놓고
물은 적게 준다.

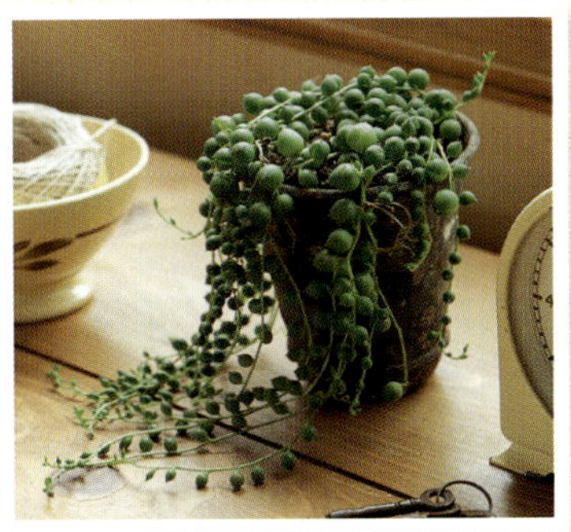

세네키오속 녹영

Senecio rowleyanus
국화과

녹색 구슬 같은 잎이 특징이며 넝쿨처럼 자란다. 직사광
선이 닿지 않는 밝은 곳에 둔다. 뿌리가 건조해지면 안 되
므로 너무 마르지 않게 물을 주어야 한다. 가을에서 겨울
에 걸쳐 흰색 꽃이 핀다.

셈페르비붐속 텍토룸

Sempervivum tectorum
돌나물과

잎끝이 다갈색이며 꽃 모양으로 자란다. 추위에 강해서
겨울에도 집 밖에서 키울 수 있다. 고온다습을 싫어하므
로 장마철에는 신경을 써야 한다. 햇빛이 잘 들고 통풍이
잘되는 곳에서 키운다.

Chapter 2

다육식물로 정원 꾸미기

자그마한 그릇에 살짝 올려놓아도,
여러 가지 종류를 섞어서 모아심기를 해도
그 존재감을 드러내는 다육식물!
솜씨 있게 꾸며 놓으면 정원의 주연으로도 조연으로도 훌륭한 역할을 한다.
이 장에서는 다육식물을 효과적으로 배치한 정원들을 살펴보면서
생활 잡화를 이용하는 방법, 화분을 고르는 방법, 독특한 장식 방법 등
정원을 센스 있게 꾸미는 비결과 아이디어를 찾아보자.

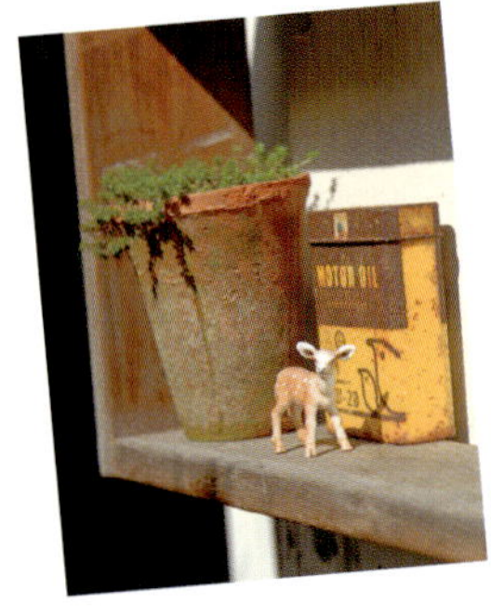

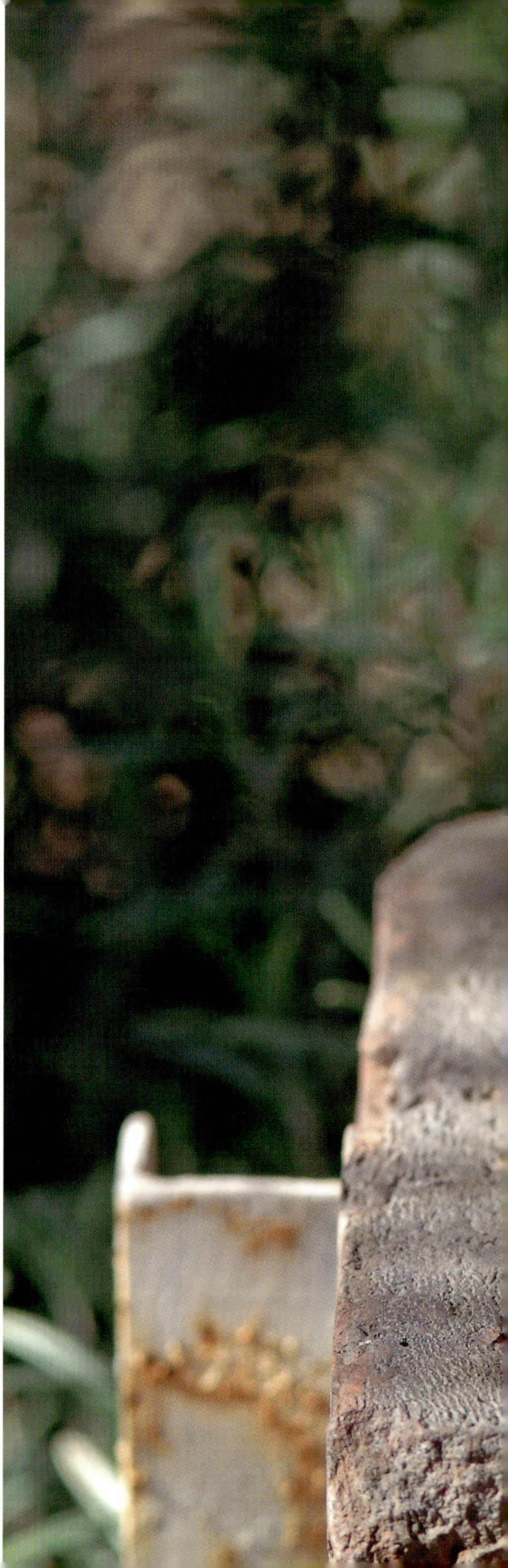

1. 작은 정원엔
다양한 화분으로 변화를!

오래된 생활 잡화, 녹슨 그릇
이용하여 공간 배치

땅에 직접 심기보다는 화분에 심어서 꾸민 정원이
다. 베란다 정원 같은 좁은 정원에는 다양한 크기
와 모양의 화분에 심을 수 있는 다육식물이 안성
맞춤! 화분에는 일부러 흙을 묻히거나 깡통을 녹
슬게 해서 다육식물을 심으면 특별한 분위기를 낼
수 있다. 또 다육식물은 크기가 작아서 같은 종류
의 화분 여러 개를 나란히 놓으면 풍성해 보인다.
나무 상자나 사다리, 선반 등을 사용해서 화분을
배치하면 입체감이 살아나고, 공간이 더욱 매력적
으로 보인다.

사다리나 의자로 높낮이를 만들고
크고 작은 화분을 배치해 보자. 넝
쿨성 식물을 벽에 걸어서 키우면
여백의 미가 한층 살아난다.

녹슨 깡통에 흰색 페인트로
번호를 쓰면 귀여운 느낌을
연출할 수 있다.

수제 액자 ✚ 월토이

나무판자와 철망으로 만든 액자를 기둥에 걸어 미니 선반으로 이용한다. 안에는 월토이를 심은 작은 화분을 올려놓았다.

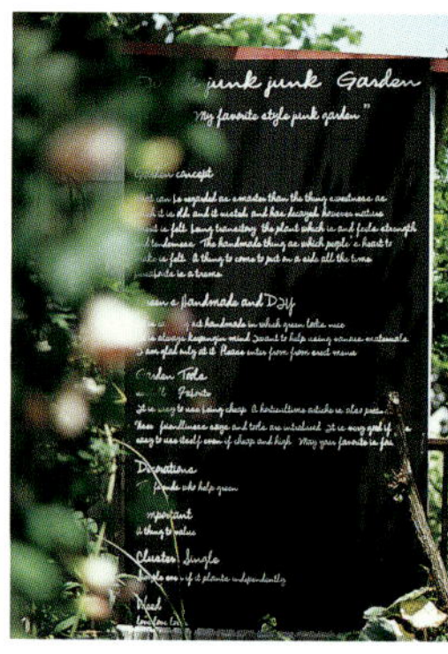

양철 양동이에 세덤, 에케베리아 등 여러 가지 다육식물을 조화롭게 심는다. 양철 양동이는 모아심기 화분으로 효과 만점이다.

녹슨 통조림통 ✚ 맥주호프

녹슨 통조림통을 정크풍 화분으로 만든다. 노란색 맥주호프가 통조림통의 색과 잘 어울린다. 통조림통은 뚜껑을 떼지 말고 남겨 두는 것이 포인트!

왼쪽 | 판자에 흑판 도료를 칠해 가리개로 세웠다. 가드닝 잡지에서 본 좋은 글을 컷팅시트에 써서 꾸미면 정원과 잘 어울린다.
오른쪽 | 벽에 철제 선반을 달아서 화분을 놓았다. 키가 큰 흑법사나 세덤, 칼랑코에 등을 작은 화분에 심어서 두면 귀엽다.

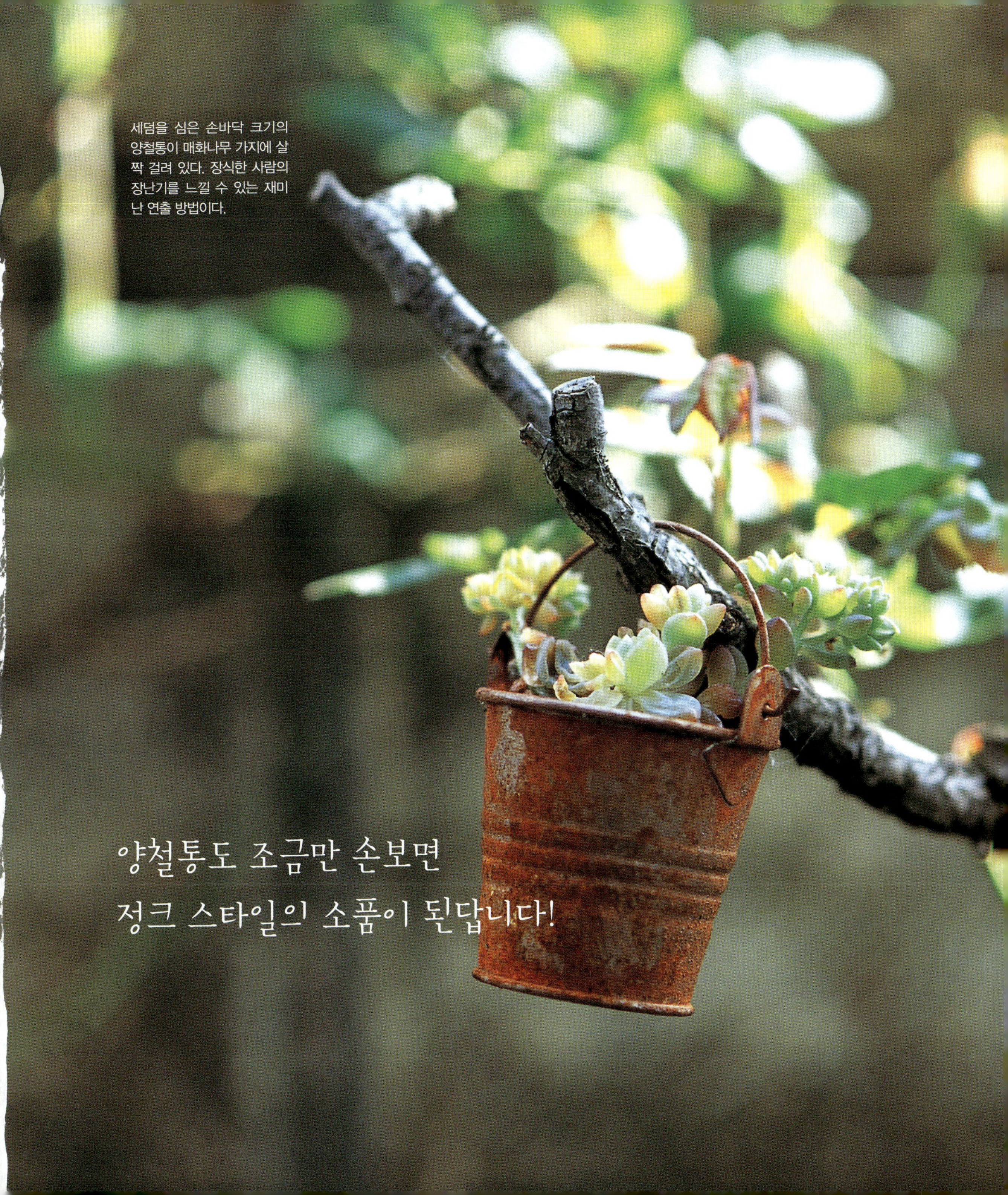

양철통도 조금만 손보면
정크 스타일의 소품이 된답니다!

2. 벽을 이용하여 세련된 정원 만들기

왼쪽 | 타일 사이 분홍색 개모밀꽃이 귀여운 얼굴을 내밀고 있다.

오른쪽 | 수납장(오른쪽 앞)과 세면대(오른쪽 뒤)를 직접 만들어 장식한 작은 뜰 전경.

벽에 달린 선반이나 직접 만든 가구 활용하기

흰색 페인트를 칠한 벽에 다채로운 생활 잡화와 녹색식물을 배치한다. 정원에 어울리는 가구를 직접 만들어도 좋다. 파고라나 벽에는 넝쿨식물을 키운다. 작은 선반과 직접 만든 가구 위에 다육식물을 올려놓으면 단순하지만 세련된 정원이 완성된다.

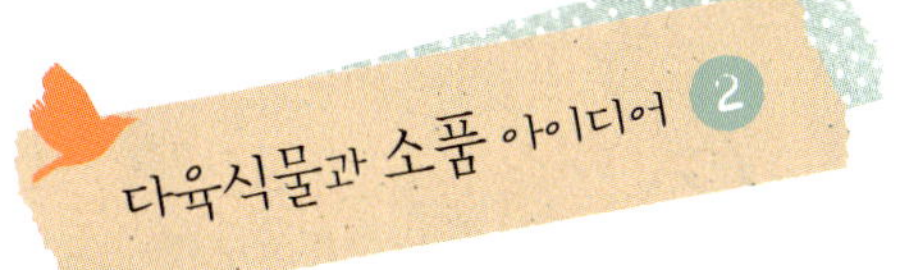

파스텔 톤 양동이 ✛ 모아심기

밝은 파스텔 톤의 양동이에 홍옥과 만년초 등을 모아심는다. 용기의 키가 크므로 위로 자라는 품종을 심으면 더 잘 어울린다.

뚜껑 달린 나무 상자 ✛ 세덤

앤티크풍의 나무 상자에는 소박한 품종이 어울린다. 다양한 톤의 녹색을 즐길 수 있도록 세덤, 클로버 등을 모아심는다.

흰색 양철 양동이 ✛ 모아심기

코럴 카펫과 밀키웨이의 포기를 모아심는다. 표면에는 화분 색과 맞추어 흰색 자갈을 덮었다.

돌출창이 있는 나무 상자 ✛ 세덤

나무 상자에 돌출창을 만들어서 벽에 단다. 나무 상자 속에 세덤을 심으면 마치 창밖으로 초록색 얼굴을 내민 것처럼 귀엽게 보인다.

현관 앞에 있는 나무 선반에 진
열한 다육식물. 빛바랜 선반과
의자, 녹슨 양철 깡통과 어우러
져 독특한 멋을 자아낸다.

이끼 낀 화분 ⊕ 흑법사

짙은 회색 화분에 자색을 띠는 흑법사를 심으면 세련된 인상을 준다. 화분에 깔린 모래에서 바닷가의 분위기를 느낄 수 있다.

이끼 낀 화분 ⊕ 희성미인

마음에 드는 화분이라면 낡았다고 버리지 말고 세덤을 심어 보자. 세덤은 군생하는 특징이 있어서 화분 밖으로 흘러내리게 하면 더욱 풍성해 보이고 이끼와도 잘 어울린다.

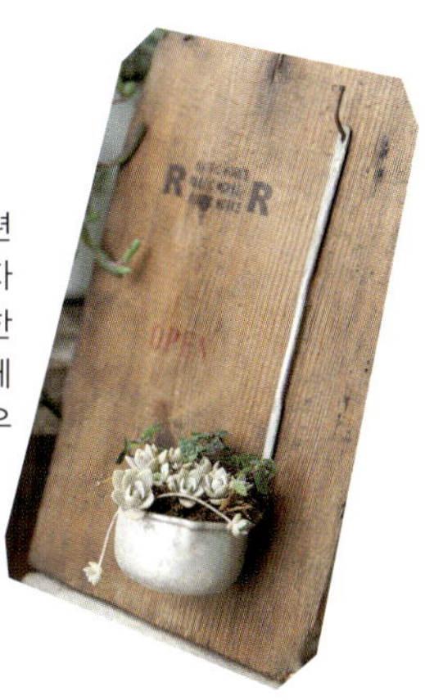

국자 ⊕ 자지련화

찌그러진 국자에 자지련화를 모아심기하고 판자에 못으로 박아 장식한다. 낡은 판자와 국자에 심은 자지련화가 잘 어우러진다.

대마 주머니 ⊕ 선인장

낡은 대마 헝겊으로 만든 주머니에 양초를 녹여 부으면 튼튼한 화분이 된다. 헝겊에 새겨진 글자나 로고가 화분의 포인트가 된다.

바닷바람을 맞아도 잘 자라는 다육식물 정원 꾸미기

해변에 있는 식물은 바닷바람을 맞아서 자라기 어려울 수 있다. 집이 해변에 있다면 나무 선반 위에 바닷바람을 맞아도 잘 자라는 다육식물을 놓아 보자. 다육식물이 가진 특징에 맞추어서 꺾꽂이나 포기나누기를 하면 번식도 가능하다. 아담하기보다는 멋진 정원을 만들고 싶다면 자연 그대로의 환경과 양철 화분, 법랑 용기를 이용하여 정크 스타일로 꾸며 보아도 좋다. 보기 좋게 바랜 나무판자, 바닷바람에 풍화되어 깊은 맛이 더해진 생활 잡화, 다육식물로 바닷가의 작은 정원을 꾸며 보자.

왼쪽 | 위로 자라면서 군생하는 홍옥은 작은 화분에 심는다. 짙은 회색 화분의 절제된 색감이 오히려 귀여운 맛을 더해 준다.
오른쪽 | 하얀색 난간과 야자수가 있는 정원. 해변 분위기가 물씬 난다.

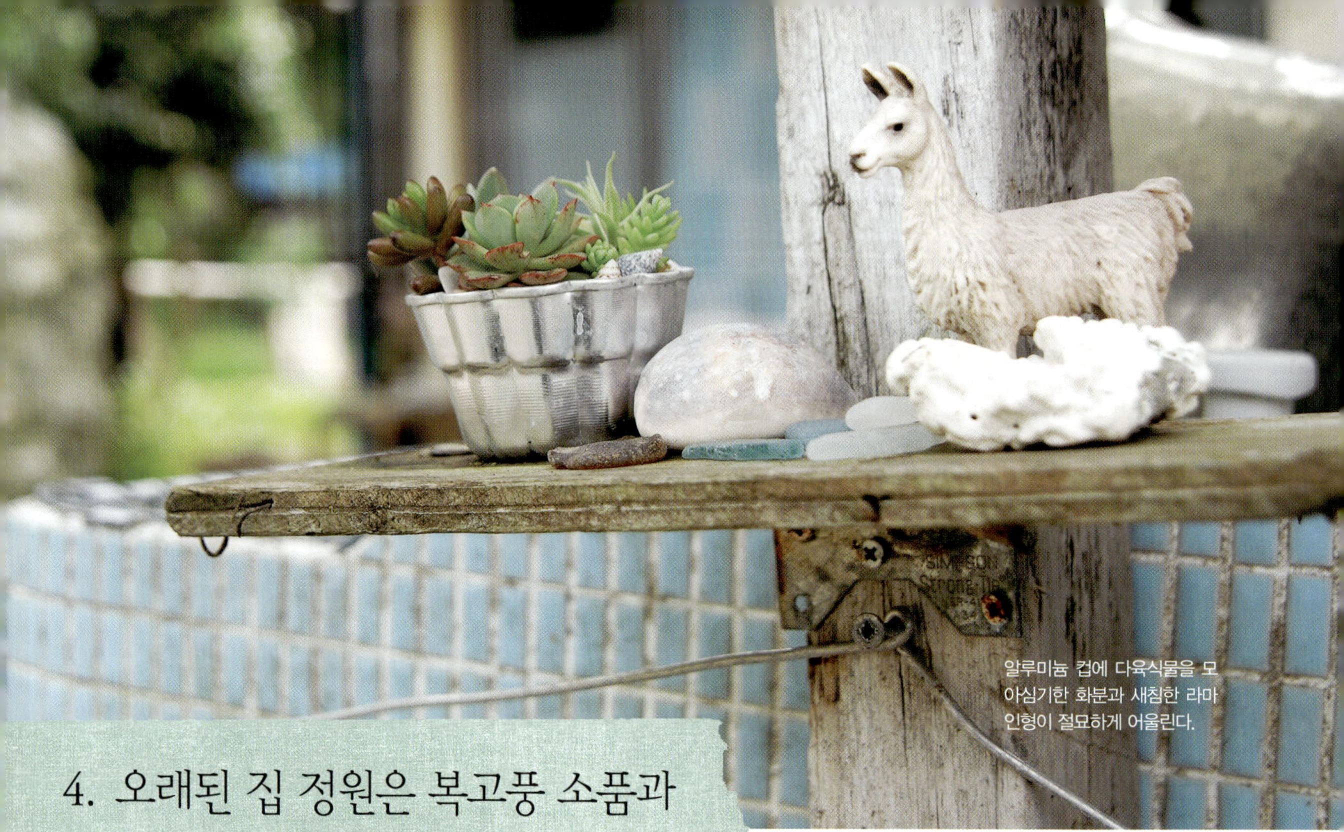

알루미늄 컵에 다육식물을 모아심기한 화분과 새침한 라마 인형이 절묘하게 어울린다.

4. 오래된 집 정원은 복고풍 소품과 다육식물로 자연스럽게!

바위와 자갈로 만든 옛날 정원의 이미지 바꾸기

커다란 바위와 자갈이 깔린 오래된 집. 시골 외갓집 같은 독특한 분위기를 완전히 바꾸려고 하지 말고 장점으로 살려 보자. 오래된 대야와 물동이같이 실용적인 소품을 눈에 잘 띄게 장식하는 것도 한 가지 방법이다. 모퉁이도 빼놓지 말고 아기자기하게 꾸민다. 동물 모양의 장식품과 다육식물로 집 안처럼 아늑하게 꾸미고 직접 만든 쟁반을 걸어서 장식한다.

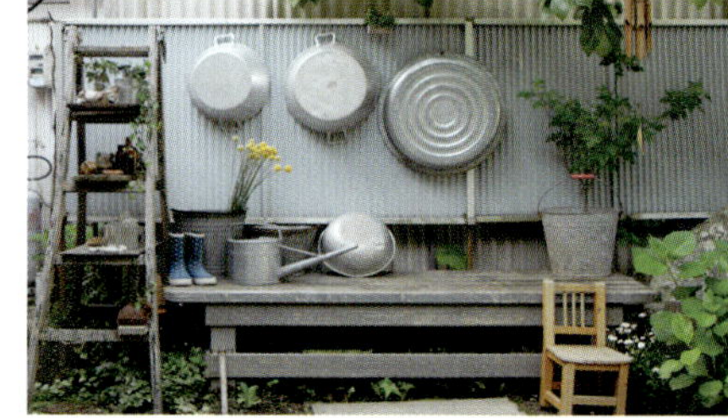

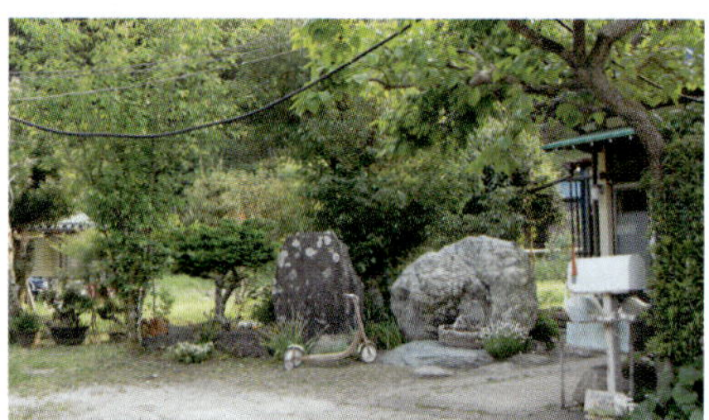

위 | 타일을 깐 수돗가가 풍기는 복고풍 분위기에 맞추어 양철 대야와 물통을 놓았다.
아래 | 바위나 자갈에서 그리운 옛날 시골집 분위기가 난다.

티 스트레이너 ⊕ 에케베리아

오래된 티 스트레이너(거름망)에 자갈을 깔고 작은 에케베리아를 고정해 장식한다. 그릇이 얕아도 다육식물이라면 충분히 키우면서 즐길 수 있다.

흰색 벽돌 ⊕ 모아심기

벽돌에 세덤과 그랍토페탈룸을 심으니 마치 벽돌에서 싹이 난 것 같다. 양 모양의 장식품을 놓아서 센스 있게 모퉁이를 장식해도 좋다.

나무 쟁반 ⊕ 만년초

꽃처럼 핀 만년초를 간판과 함께 배치한다. 배경을 잘 생각해서 배치하면 각각의 존재감이 살아 있는 장식을 할 수 있다.

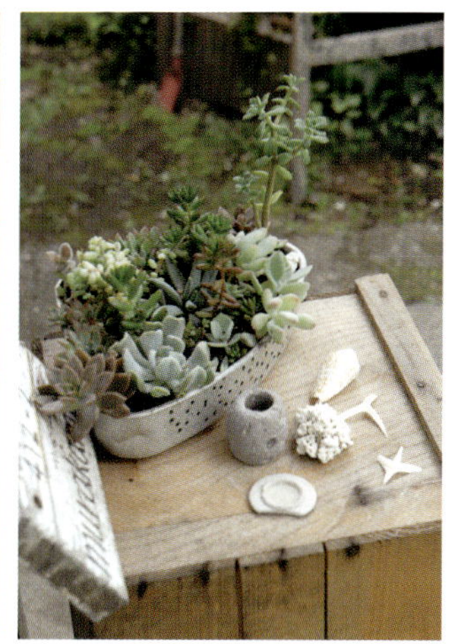

왼쪽 | 물을 담은 세면기나 유리병 등을 나무 발판 위에 놓아서 산뜻한 분위기를 연출했다. 다육식물도 전체 분위기에 맞추어서 흰색 화분에 심어서 배치했다.

오른쪽 | 모아심기할 포기들을 구멍 난 삼각형 그릇에 담기만 해도 예쁘다.

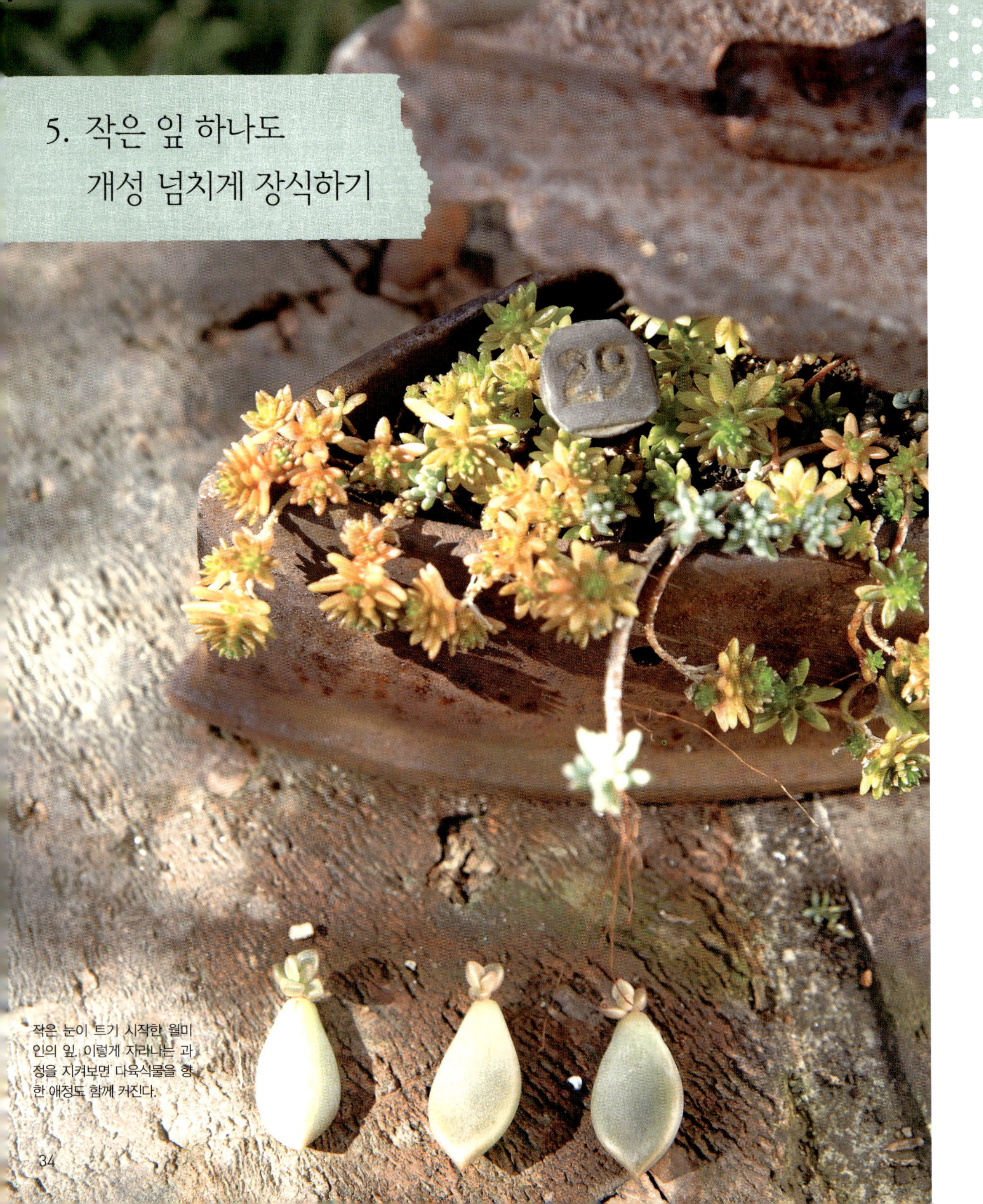

5. 작은 잎 하나도
개성 넘치게 장식하기

작은 눈이 트기 시작한 월미
인의 잎. 이렇게 자라나는 과
정을 지켜보면 다육식물을 향
한 애정도 함께 커진다.

기름 깡통 ✚ 조련화

보기 좋게 녹슨 낡은 기름 깡통에 한 송이 꽃이 핀 것처럼 조련화를 심는다. 잎의 붉은 끝이 깡통의 색을 배경으로 돋보인다.

수제 화분 ✚ 세덤

시멘트 용기를 직접 만들어서 넘쳐흐르듯이 자라는 세덤을 심는다. 용기의 소재감과 세덤이 잘 어울리며 생동감 있게 자라는 세덤의 모습도 즐길 수 있다.

그릇 ✚ 에케베리아

어떤 그릇이라도 적절한 다육식물을 골라 심으면 더욱 자태가 돋보이게 장식할 수 있다.

바구니 ✚ 세덤

모아심기한 화분을 바구니에 넣어 나무 사이에 줄을 걸고 매단다. 바람이 불 때마다 잎이 살랑살랑 흔들리며 눈을 즐겁게 해 준다.

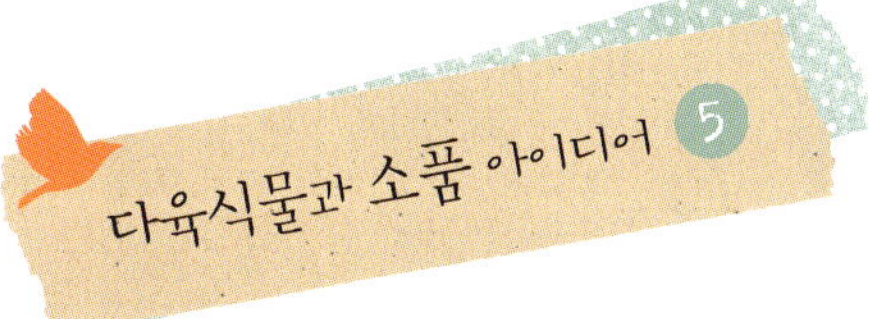
다육식물과 소품 아이디어 5

다육식물 하나하나의 개성을 돋보이게 하는 아이디어 찾기

오랫동안 가꾸어 온 정원의 나무들 사이에 정크 스타일의 생활 잡화를 배치하고 다육식물을 심어 보자. 떨어진 잎이 뿌리를 내리는 모습이라도 보게 된다면 눈부신 생명력에 감탄하게 될 것이다. 각각의 개성을 살려서 장식하면 보물찾기를 하듯 곳곳에 경이로움이 숨어있는 정원이 된다.

왼쪽 | 정원에 있는 녹색식물 속에 정크 스타일 생활 잡화에 심은 다육식물을 배치하면 원래 정원의 톤과 어울리는 안정된 분위기를 유지할 수 있다.

오른쪽 | 작은 선반의 크기에 맞춰 크기가 작은 다육식물을 놓아 보았다.

심볼 트리 아래에 나뭇가
지와 철사를 이용해서 화
분을 배치했다. 이렇게 화
분을 매달아 놓으면 바람
이 불 때 흔들리는 모습
이 예쁘다.

가는 철사로 망을 만들어 다육식물을
그네처럼 매달았다. 거친 색감을 살리
면 정크풍 분위기가 살아난다.

6. 재활용품으로 꾸민
소박한 정원

주전자 ✚ 그랍토페탈룸

옅은 하늘색 페인트를 칠한 주전자에
다육식물이 넘치게 심는다. 손잡이는
이끼를 말아 장식하면 좋다.

삽 ✚ 모아심기

손잡이가 떨어졌지만 보기 좋게 녹
슨 삽에 자지련화와 세덤을 모아심
는다. 적은 양의 흙에서도 자라는 다
육식물이기에 가능한 방법이다.

수프 깡통 ✚ 백설 불로초

황백색의 양철 수프 깡통에 흘러
내리듯이 백설 불로초를 심는다.
빛바랜 라벨이 멋을 더해 준다.

탁 트인 정원을 다육식물과
생활 잡화로 꾸미기

푸른 잔디로 덮인 정원에 침목을 잘라 울타리를 둘
렀다. 중앙의 심볼 트리가 태양을 부드럽게 가려서
생기는 그늘이 상쾌한 분위기를 연출한다. 정크 스
타일의 생활 잡화에 다육식물을 심고 탁 트인 정원
구석구석에 놓는다. 화분 대신에 직접 페인트칠한
생활 잡화나 녹슨 소품들을 이용하면 된다. 잔디나
나무의 신록 속에 자연스럽게 생활 잡화와 다육식
물을 놓으면 상쾌하고도 정크 스타일의 따뜻함이
맴도는 정원을 만들 수 있다.

왼쪽 | 전기톱으로 침목을 잘라 두른 수제 울타리와 다육식물이 보기 좋다.
오른쪽 | 원뿔 모양의 통에 붉은빛이 도는 브론즈 프리티를 넣었다. 빨간색
이 들어간 검은색 우편함에 달아 놓으니 잘 어울린다.

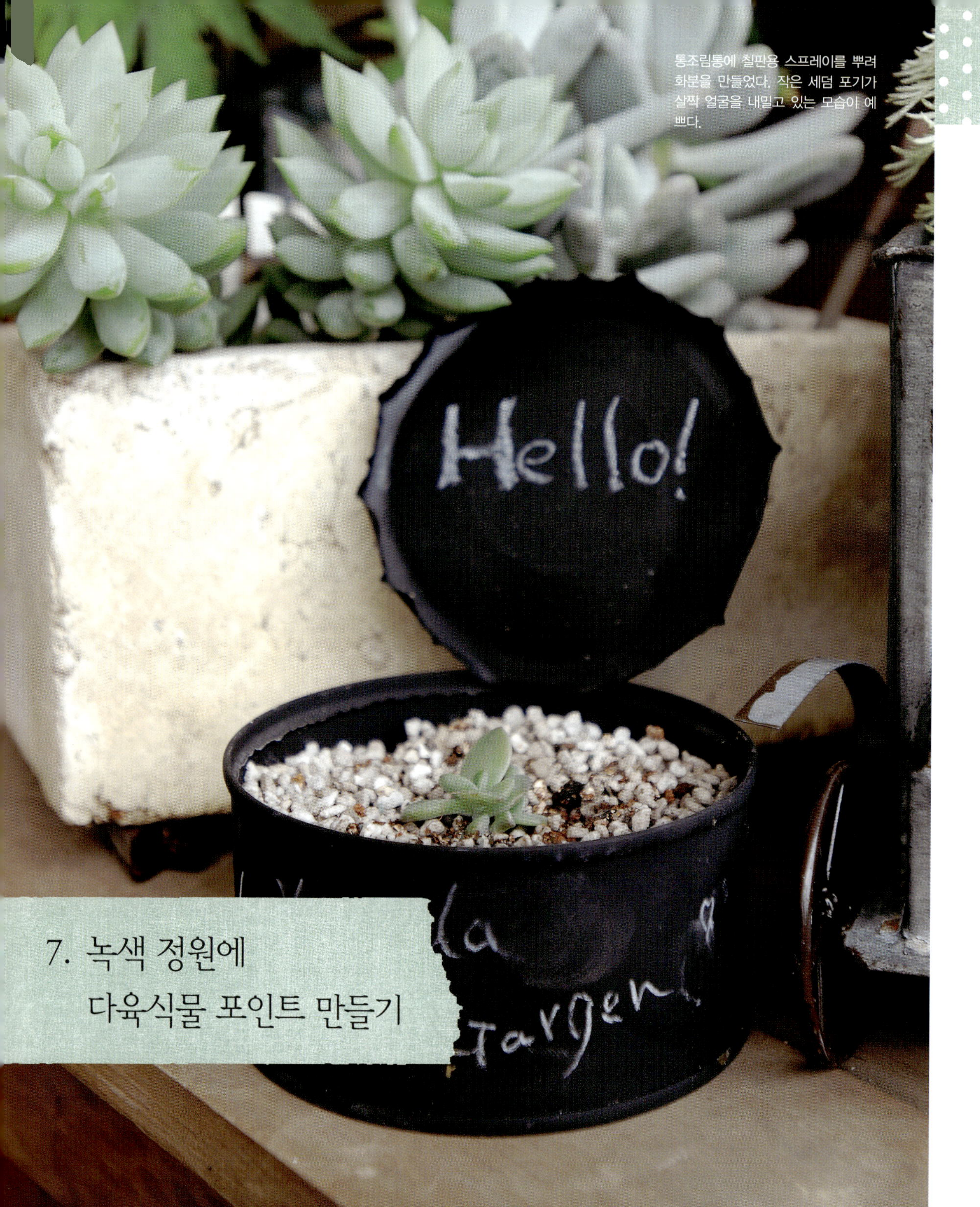

통조림통에 칠판용 스프레이를 뿌려
화분을 만들었다. 작은 세덤 포기가
살짝 얼굴을 내밀고 있는 모습이 예
쁘다.

7. 녹색 정원에
다육식물 포인트 만들기

양철 용기 + 모아심기

정크 스타일 벽걸이 화분에 크라슐라를 섞어 심는다. 쌍둥이처럼 두 개를 나란히 놓으면 더욱 귀엽다.

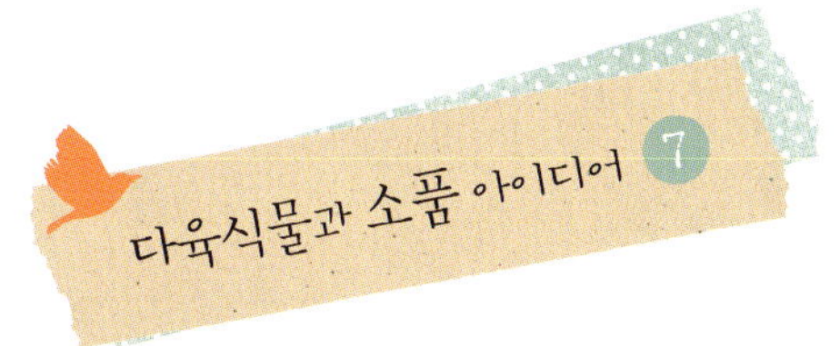

나무 정리함 + 세덤

가죽 손잡이가 달린 나무 정리함에 세덤을 풍성하게 심는다. 많이 자라면 포기를 나누어 심어야 한다.

소형 장식품 + 세덤

양철로 만든 소형 장식품에 세덤을 심어서 걸어 둔다. 삼베의 은은한 배경과 녹슨 양철의 색이 조화를 이룬다.

성냥갑 + 자지련화

요즘은 보기 어려운 앤티크 풍의 양철 성냥갑을 화분으로 사용한다. 녹슨 연노란색 성냥갑과 은색 계열의 자지련화가 잘 어울린다.

녹색 정원에 포인트 만들기

넝쿨식물이 주인공인 베란다에 작고 개성이 넘치는 다육식물을 놓으면 포인트가 된다. 앤티크풍 생활 잡화와도 어울리는 다육식물을 모아심기해서 매달기, 벽걸이 용기에 심어서 걸기 등의 장식 방법으로 녹색 정원에 다양한 표정을 만든다.

첫눈에 반할 정도로 매력적인 흰색 수레바퀴에 넝쿨식물을 풍성하게 장식했다. 생활 잡화와 녹색식물이 어우러진 베란다 정원이다.

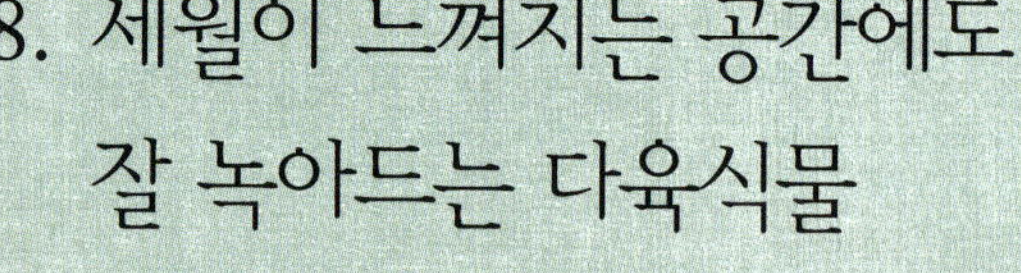

8. 세월이 느껴지는 공간에도 잘 녹아드는 다육식물

나무 상자를 장식장으로 사용해서 모퉁이를 꾸몄다. 여러 가지 디자인의 랜턴 사이로 줄기를 뻗은 용월이 눈에 띈다.

왼쪽 | 기둥을 장식하는 데 이용했다. 철 용기를 기둥에 달고 다육식물을 심은 깡통을 넣어서 장식했다.

오른쪽 | 물푸레나무 아래에 호두 껍데기를 깔았다. 오래된 도구와 우거진 수목이 어우러져 서양 정원 같다.

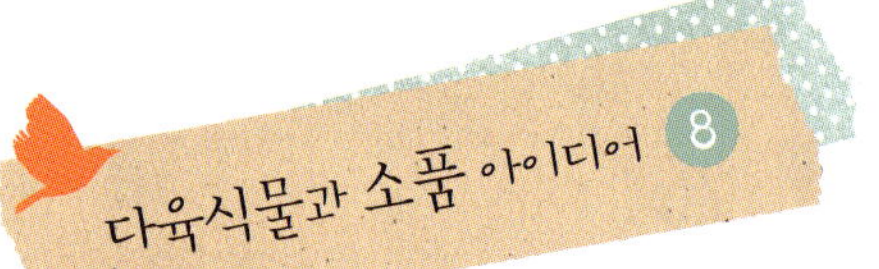

수입 통조림통 ➕ 용월

선명한 색의 깡통은 모서리에 포인트 장식을 하는 데 안성맞춤! 뚜껑이 달린 채로 사용하면 더욱 정크 스타일을 살릴 수 있다.

녹슨 깡통 ➕ 골룸

갈색으로 변한 깡통에 심으면 수수한 골룸의 녹색도 어딘가 달라 보인다.

정크 스타일에서 빼놓을 수 없는 키워드, 녹

앤티크풍의 생활 잡화를 좋아한다면 정원이야말로 장식하기에 가장 좋은 장소다. 나무와 풀 사이에 오래된 생활 잡화를 자연스럽게 배치해 보자. 정원의 역사를 느끼게 하는 낡은 물건에 녹이 슬었다면 매력을 더해 준다. 여기에는 다육식물처럼 개성 있는 녹색이 제격이다. 생활 잡화는 그냥 녹슬게 하는 것보다 사포로 문지른 후에 녹슬게 하면 풍미가 더해진다는 사실도 기억해 두자. 이런 방법으로 어느 외국 시골에서나 볼 법한 자연스러운 풍경을 연출할 수 있다.

Chapter 3

내 멋대로 꾸미는

모아심기 아이디어

다육식물은 한 가지만 심어도 충분히 즐길 수 있지만
다양한 종류가 특징인 만큼 여러 가지를 함께 심으면 보는 즐거움도 커진다.
이 장에서는 여러 종류의 다육식물을 이용하여 다양한 실루엣을 연출하는 방법을 살펴보고
특이한 실루엣을 가진 나만의 다육식물을 디자인해 보자.

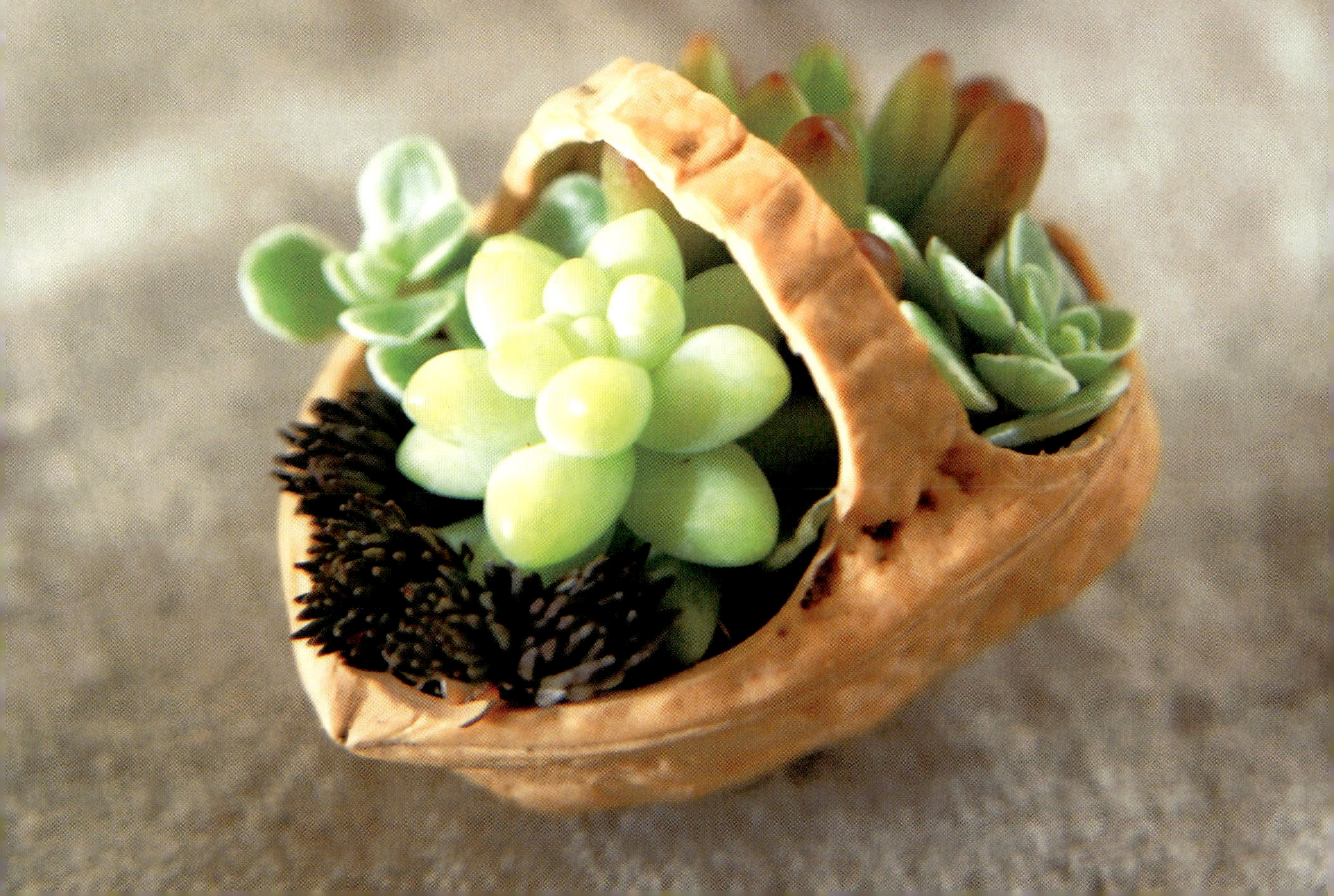

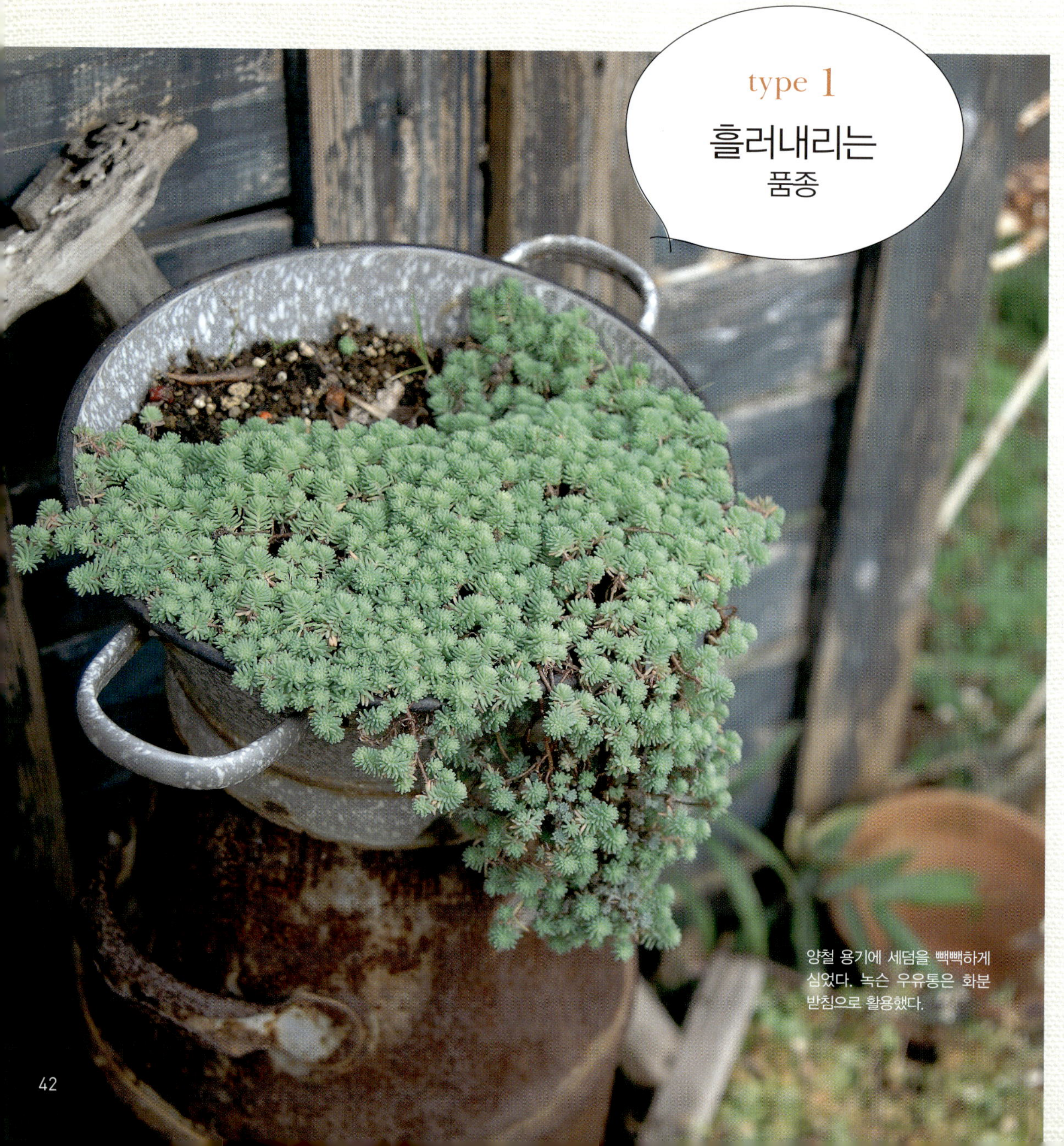

양철 용기에 세덤을 빽빽하게
심었다. 녹슨 우유통은 화분
받침으로 활용했다.

달걀 껍데기로 만든 화분에 녹영을 심는다. 철사로
만든 에그 스탠드에 놓으면 장식이 완성된다.

 이런 품종을 심어 보세요!

녹영

동글동글한 잎이 특징이며 넝쿨처럼 자란
다. 직사광선을 피해서 밝은 장소에 심는
다. 가을에서 겨울까지 흰색 꽃이 핀다.

루비앤네크리스

잎이 가늘고 길며 끝이 뾰족하다. 줄기
는 자색을 띠고 가을에 노란색 꽃이 핀다.
'자월'이라고 부르기도 한다.

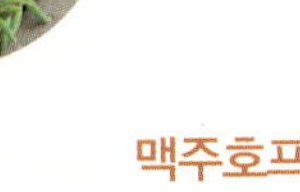
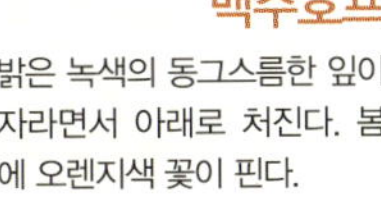

맥주호프

밝은 녹색의 동그스름한 잎이
자라면서 아래로 처진다. 봄
에 오렌지색 꽃이 핀다.

줄기가 휘어지는 특성을 이용해
생생한 움직임 연출하기

화분에서 흘러넘치듯이 자라는 품종이라면 위에
서 아래로 떨어지듯이 장식한다. 점점 자라면 살
아 움직이는 듯한 실루엣을 즐길 수 있다. 높이
가 있는 화분이나 선반을 이용하면 공간에 생생
한 움직임이 살아난다.

벽돌담에 붙은 폭이 좁은 철판에 페인트칠해서 작은 선반을 만들었다.
선반 아래로 줄기가 축 처진 용월이 장식 포인트다.

키가 큰 화분에 루비앤네
크리스를 기다랗게 심어
장식했다. 아래로 늘어진
녹색 잎과 자주색 줄기가
잿빛 화분에 어울린다.

작은 꽃 같은 다육식물은
한곳에 모아서 장식하기

키가 크지 않고 옆으로 퍼지듯이 자라는 품종의 다육식물은 잎이 옹기종기 모여서 자라기 때문에 꽃처럼 보인다. 가지각색의 품종을 모아서 심으면 귀여운 분위기를 연출할 수 있다.

장자금을 옅은 색 화분에 심으면 세련된 잎의 색이 더욱 돋보인다. 약간 작은 듯한 화분에 모아서 심으면 풍성함을 느낄 수 있다.

다육식물에서 떨어진 잎을 모아서 흙 위에 올려놓기만 해도 싹이 튼다. 어느 정도 자란 후에 다른 화분에 옮겨 심으면 된다.

여러 종류의 에케베리아를 작은 화분에 심어 소품처럼 장식한다. 다양한 색과 모양이 살아나도록 잘 생각해서 배치하는 것도 중요한 장식 포인트다.

 이런 품종을 심어 보세요!

에케베리아

꽃 모양의 잎이 특징이다. 가을에는 붉게 물드는 품종도 있다. 오렌지색 꽃이 봄에서 초여름 사이에 핀다.

하월시아

1년 내내 예쁜 녹색을 즐길 수 있다. 잎끝이 투명한 품종도 있다. 직사광선을 싫어하므로 집 안에서 키우기 좋다.

오십령옥

막대기 모양의 잎이 군생하는 이색적인 다육식물이다. 햇빛이 잘 들고 통풍이 잘되는 곳을 좋아한다. 가을에서 겨울에 걸쳐 흰색 꽃이 핀다.

클래식한 화분에 모아서 심
고 코코넛 섬유를 둘러서 채
웠다. 잎의 색이 자연스럽게
돋보인다.

잎이 검은 흑법사나 얼룩무
늬 세덤 등을 화분에 모아심
었다. 잎의 색과 모양이 다른
종류를 모아 장식하는 것도
다육식물을 키우는 재미 중
하나다.

깡통을 화분으로 재활용한다. 다양한 모양과 색을 조화시켜
모아심기하면 독특한 실루엣을 만들어 낼 수 있다.

 이런 품종을 심어 보세요!

오로라

얼룩무늬의 크림색 잎은 가을이 되면 대
리석 무늬의 분홍색을 띤다. 햇빛이 잘 드
는 곳에서 키우는 것이 좋다.

흑법사

꽃처럼 생긴 검은 잎이 매력이다.
햇빛이 잘 드는 곳에서 키우면 색
이 점점 더 짙어진다.

불사조

검은 무늬가 들어간 쑥색 잎에는 붉은
새순이 촘촘히 돋아난다. 새순을 떼어
서 심으면 쉽게 번식시킬 수 있다.

맛깔나는 화분에 심어서 활기차고 독특한 자태 연출하기

키가 크는 품종은 자라면서 줄기 아랫부분이 허
전하게 보이기도 한다. 이럴 때에는 넝쿨을 만들
며 자라거나 키가 작은 품종을 함께 심어 보자.
높이에 차이를 두어서 장식하면 도움이 된다.

양철 용기에는 월토이, 세덤 등 키가 크는 다육식물을
모아심는다. 라임색 잎이 흰색 벽을 배경으로 돋보인다.

끝이 뾰족한 빨간색 잎
에 '염좌'라는 이름이 붙
은 크라슐라를 작은 채
반에 담았다. 구멍 난
채반에 심으면 배수도
잘된다.

양철 상자에 형형색색의 싱싱한
다육식물을 넣으니 보석함처럼
변신했다. 이렇게 양철 상자를
장식하면 선물로도 손색없다.

양철 상자

정크 스타일의 고물 양철 상자를 사용해서 초보자도 쉽게 만들 수 있는 장식품을 소개한다. 마음에 드는 모종을 찾아 심어 보자.

재료

- 다육식물용 흙
- 양철 상자
  (사진의 양철 상자는 너비 18cm, 깊이 13cm, 높이 6.5cm다)

도구

- 망치, 못

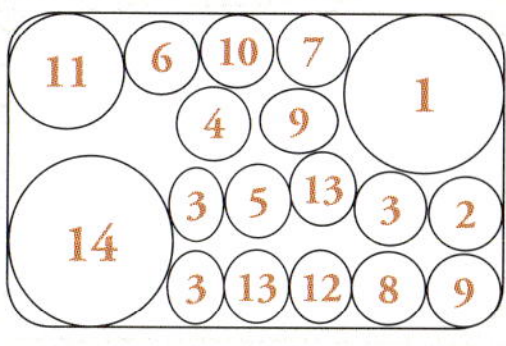

Plants List

1. 에케베리아
2. 팔천대
3. 데비
4. 맥주 호프
5. 월미인
6. 백모단
7. 홍옥
8. 도미인
9. 골룸
10. 그라우쿰
11. 웅동자
12. 로티
13. 오로라
14. 세덤

How to make

1. 못과 망치로 상자 바닥에 지름 0.1~0.2cm의 구멍을 9~12개 뚫는다.

2. 상자의 반 정도 높이까지 흙을 채운 뒤 표면을 평평하게 고른다. 처음엔 흙을 좀 모자라게 넣어도 좋다.

3. 엉킨 모종의 뿌리를 풀고 흙을 털어 낸다. 주인공이 될 큰 모종(에케베리아)을 하나 골라 모퉁이에 심는다. 주위를 채우듯이 나머지 모종들을 심고 흙은 그때그때 넣는다.

4. 주인공으로 정한 모종과 대각선이 되는 모퉁이에 세덤을 심고 잎이 넘치도록 모양을 잡아 준다. 모종이 작아서 잡기 어려우면 핀셋을 사용한다.

Advice

옆에 있는 모종의 높낮이와 색의 농담을 고려해서 배치하면 디자인에 변화를 줄 수 있다. 흙은 빈틈없이 채우고, 모종은 한쪽부터 심어나가는 것이 포인트다.

런치박스

심플한 런치박스를 열면 통통한 다육식물이 얼굴을 내민
다. 작지만 받는 사람에게 기쁨을 주는 귀여운 장식품이다.

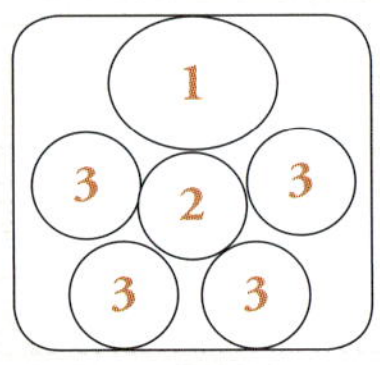

재료
- 플라스틱 용기
- 다육식물용 흙
- 종이 런치박스
- 랩핑용 종이 (갈색)
- 나무 숟가락
- 대마 노끈

도구
- 스탬프

Plants List

1. 브론즈 프리티
2. 에케베리아
3. 세덤

How to make

1 플라스틱 용기에 흙을 넣고 배치도를 참고해서 다육식물
을 심는다.

2 종이 런치박스의 겉면에 스탬프를 찍어서 장식한다. 잉크
가 마르면 런치박스 안에 랩핑용 종이를 깐다.

3 1번에서 완성한 플라스틱 용기를 조심스럽게 런치박스에
넣는다. 선물용으로 만들 때에는 런치박스의 뚜껑을 덮고
나무 숟가락을 올린다. 대마 노끈으로 리본을 묶어 장식하
면 끝!

Advice

다육식물은 런치박스와 플라스틱 용기의
높이를 고려해서 뚜껑을 덮을 수 있게 심
는 것이 포인트다.

마음에 드는 스탬프를 찍어
나만의 런치박스를 만들었
다. 포인트로 나무로 만든 아
이스크림 숟가락을 꽂으면
더 귀엽다.

조그맣게 뻗은 덩굴 끝에 새
순이 달린 자지련화는 조금
키가 큰 생활 잡화에 심으면
더할 나위 없이 잘 어울린다.

양철 양동이

보기 좋게 녹슨 양철 양동이에 은색 계열의 다육식물을 장식해 보자. 포인트로 분홍색 수제 조화를 꽂으면 귀여운 정크 스타일의 화분이 완성된다!

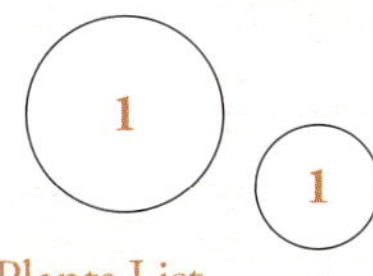

Plants List

1. 자지련화

재료

- 다육식물용 흙
- 크기가 다른 녹슨 양철 양동이 2개
- 털실
- 가는 철사

How to make

1. 크고 작은 양철 양동이에 흙을 넣고 자지련화를 빈틈없이 심는 것이 포인트다. 줄기가 양동이에서 넘치듯이 흘러내리게 한다.

2. 털실과 가는 철사로 수제 조화를 만든다. 철사를 다른 길이로 몇 개 자르고, 둥글게 뭉친 털실을 철사 끝에 붙이면 수제 조화가 완성된다.

3. 2번에서 만든 조화를 크고 작은 양동이에 높낮이를 생각해서 꽂는다.

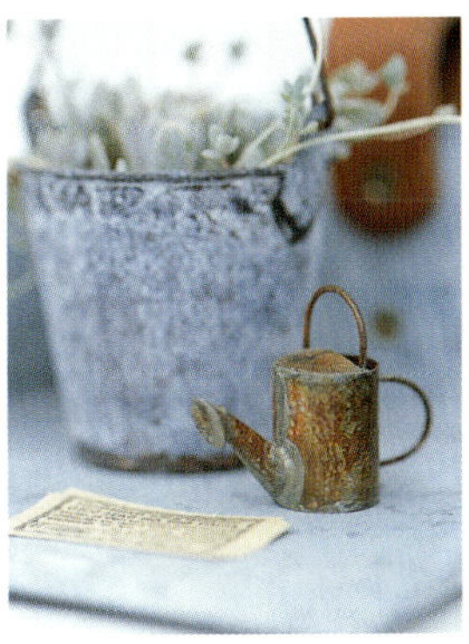

Advice

쓰레받기나 물뿌리개를 함께 장식하여 재미있는 분위기를 연출해 보자. 외국 우표나 신문을 곁들이면 더 멋스럽다.

치즈 상자

꺾꽂이한 다육식물과 드라이플라워를 나무 치즈 상자에 심
어서 만든 장식품이다. 다양한 색의 다육식물을 보기 좋게
배치하면 보는 눈이 즐거워진다.

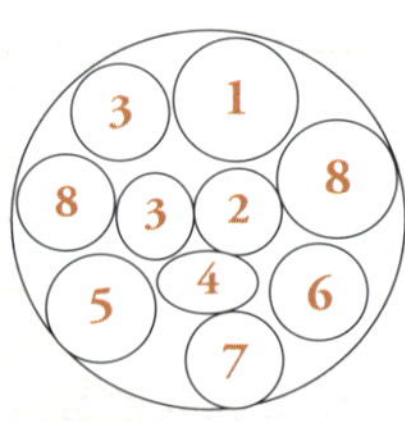

Plants List

1. 을녀심
2. 황려
3. 고사옹
4. 홍옥
5. 까라솔
6. 염일산
7. 칠변초
8. 잇꽃

재료

- 흡수성 스펀지 (플라워 어레인지먼트용)
- 나무 치즈 상자
- 드라이플라워 (잇꽃)

도구

- 꼬챙이
- 핀셋
- 가위

How to make

1. 치즈 상자의 높이에 맞춰서 흡수성 스펀지를 준비한다. 스
   펀지 위에 치즈 상자를 뒤집어서 올려놓고 위에서 누르면
   치즈 상자 모양으로 스펀지를 자를 수 있다(흡수성 스펀지
   는 부드러우므로 쉽게 잘린다). 자른 스펀지는 상자에서 꺼
   내 놓는다.

2. 상자 안에 비닐을 깔고 스펀지를 넣어서 물을 흡수시킨다.
   상자 밖으로 튀어나온 비닐은 가위로 자른다.

3. 꼬챙이로 스펀지에 구멍을 내고 배치도를 참고하여 핀셋
   으로 다육식물과 드라이플라워를 모아심기한다.

Advice

2주 정도 지나 꺾꽂이한 다육식물에서
뿌리가 나오면 흡수성 스펀지에 천천히
물을 흡수시킨다. 그 이후로는 건조하게
관리하고 뿌리를 완전히 뻗으면 흙에 옮
겨 심는다.

치즈 상자에 좋아하는 드라이플라워와 다육식물을 예쁘게 모아심어서 완성한 장식품

A   B   C

허전해 보이는 벽에 살짝 걸어 놓으면 멋진 공간으로 변신!
오브제와 함께 거는 것도 좋은 방법이다.

미니 벽걸이

소품에 심거나 꽂아서 즐길 수 있는 것이 다육
식물의 중요한 특징! 재활용품을 철사로 묶어
벽에 걸면 멋진 벽걸이가 된다.

재료

- 못

A · 물이끼
- 낚시용 미끼 주머니 (녹슨 것)
- 가는 철사

B · 작은 유리병
- 가는 철사

C · 다육식물용 흙
- 원뿔 모양 용기 (녹슨 것)
- 가는 철사

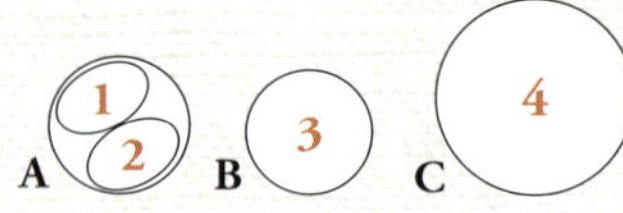

Plants List

1. 장미세덤   3. 홍천구
2. 방울세덤   4. 홍제등

How to make

1. 벽걸이 용기에 달 고리를 철사로 만들어서 붙인다.

2. 다육식물을 심는다.
   A 미끼 주머니에 물이끼를 넣고 다육식물을 심는다.
   B 작은 유리병에 물을 조금 넣고 홍천구를 꽂는다.
   C 원뿔 모양의 용기에 흙을 넣고 홍제등을 심는다.

3. 장식할 위치를 생각해서 벽에 못을 박는다.

Advice

철사로 고리를 만들 때, 용기에 맞게 마
음에 드는 모양으로 꼬아 멋을 내 보자.

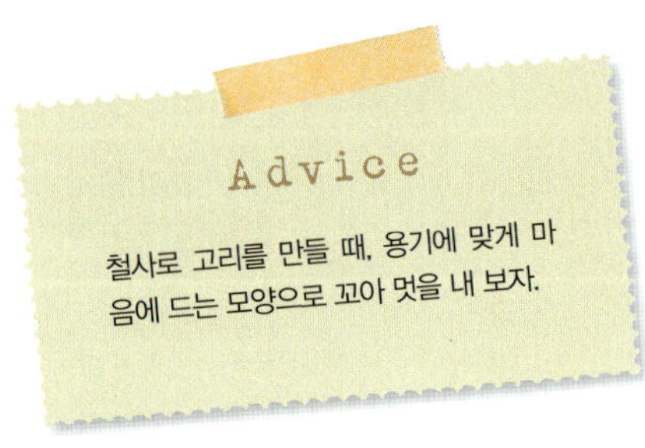

가드닝 고수들의 다육식물 연출법

개성 있는 다육식물이 줄지어 있는 가게를 보면
저마다의 특색을 잘 살린 아이디어가 보인다.
이 장에서는 빈틈없이 공간을 활용한 고수들의 솜씨를
눈여겨보면서 내가 만드는 공간에서
따라 할 수 있는 아이디어를 발견해 보자.

1. 내가 가진 독특한 물건 이용하기

전화와 물뿌리개로 입구를 꾸몄다. 오래
된 도구에서 풍기는 차분한 색조 속에
다육식물의 사랑스러움이 돋보인다.

목공 도구에 페페로미아를 심어 자갈을 깐
플랜터에 넣으면 독특한 분위기가 난다.

손잡이가 달린 낡은 소쿠리에 모아심기
를 했다. 소쿠리의 둥근 모양과 여러 품
종이 어우러져 더욱 풍성해 보인다.

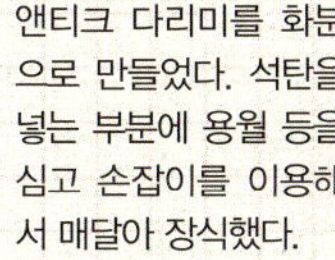

앤티크 다리미를 화분
으로 만들었다. 석탄을
넣는 부분에 용월 등을
심고 손잡이를 이용해
서 매달아 장식했다.

진기한 생활 잡화와 다육식물
보기 좋게 배치하기

단순히 화분을 놓지 않고 동서양의 오래된
생활 잡화와 조화롭게 배치한 것이 특징이
다. 특히 품종의 매력을 돋보이게 한 연출
방법을 눈여겨보자. 세월이 묻어 있는 소품
과 다육식물은 의외로 잘 어울려서 차분함
과 귀여움이 섞인 독특한 분위기를 만들 수
있다. 계절이 바뀌면 품종도 바꾸면서 공간
에 변화를 주면 좋다.

골동품 가게에서 찾아낸 물건들이 늘어서 있다. 나무 상자의 오른쪽
에 넣은 화로 등 오래된 생활 잡화가 화분으로 교묘하게 변신했다.

추천 페페로미아

파생종이 많지만 사진은
페페로미아의 원종 모종
이다. 모양이 특이해서
인기가 높다.

2. 앤티크 그릇에 꾸미기

보석함에 다육식물 모종을 심어
은쟁반에 담았다. 다육식물의
귀여움이 돋보이면서도 고급스
러운 연출이 되었다.

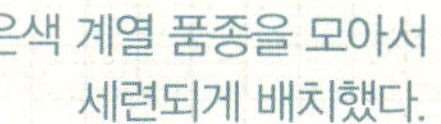

은색 계열 품종을 모아서
세련되게 배치했다.

앤티크 유리그릇 중앙에 에케베리아와 루비앤네크리스를 조화시켜 고상해 보인다.

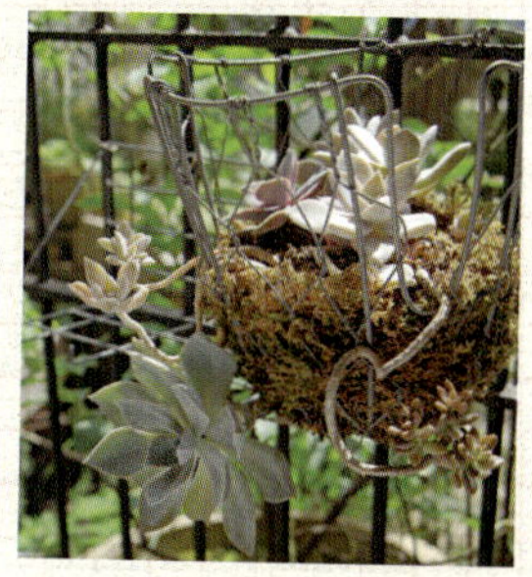

낡은 영국 새장에 에케베리아와 용월을 심었다. 틈새로 길게 자라난 줄기를 내려뜨린 모습이 인상적이다.

흡수 스펀지에 세덤 등을 심어서 앤티크 촛대에 넣었다. 물가에 세워서 기품 있는 분위기를 만들었다.

계단을 다육식물과 소품으로 꾸몄다. 에케베리아의 대형 종인 에프터글로우를 놓았고 스패니시모스를 깔아서 더욱 화사하게 보인다. 유리병과 산호가 시원한 느낌을 준다.

다육식물 장식품처럼 활용하기

장식품처럼 활용할 수 있고 어디에나 잘 어울리는 다육식물의 특징을 살려서 배치했다. 종류와 색을 정해서 단순하게 구성하고, 있는 그대로의 매력을 끌어내는 것이 포인트다. 다육식물을 앤티크 소품에 넣어서 장식하면 품격과 함께 완성도가 높아진다. 슬쩍 놓은 듯해도 소품 하나하나에 신경 써서 배치했기 때문에 갤러리 같은 분위기가 난다.

추천 서리의 아침

가루를 뿌린 듯 흰색을 띠는 색과 뾰족한 잎이 매력 포인트다.

3. 다채로운 녹색 공간 만들기

선반 주위의 벽을 덮은 다육식
물. 철봉에 물이끼를 덮은 뒤
가지각색의 다육식물을 심었
다. 눈길을 사로잡는 연출이다.

여러 가지 소재의 생활 잡화를 사용해서
식물과는 다른 질감을 더해 준다.

키가 큰 산호유동과 작고 아담한 립살리스.
망고나무로 만든 화분을 사용했다.

국자를 화분으로 만들어 낡은 컨테이너에
걸었다. 붉은빛을 띠는 꿩의비름과 바위
솔의 잎이 자연스럽게 어울린다.

천 가방으로 만든 화분에
다육식물이 물처럼 흘러
내리게 장식했다.

특별한 식물과 함께하는
생활공간 꾸미기

비오톱(인간과 자연의 공존공간)을 콘셉트로
꾸민 공간이다. 식물에 흥미가 없는 사람이
라도 생활공간에 응용하고 싶어질 만한 아이
디어가 엿보인다. 눈이 닿는 곳마다 녹색식
물을 조화롭게 배치했다. 외국 벼룩시장에서
손에 넣은 생활 잡화도 식물과 잘 어울린다.
곳곳에 있는 나무와 잎들을 보면 마음도 시
원해지는 공간이다.

양복과 생활 잡화 사이에 에어플랜트와 화분에 심은 산
세비에리아를 놓아서 자연스럽게 식물이 눈에 들어온다.

추천 **산호유동**

토란처럼 생긴 줄기, 개
화 기간이 길어 오래 즐
길 수 있는 산호를 닮은
꽃이 매력 포인트다.

흰색으로 맞춘 법랑 컵과 도자기 화분이 늘어선 창가. 비슷한 화분을 나란히 놓을 때에는 다른 색과 모양의 다육 식물을 골라서 심는 것이 포인트다.

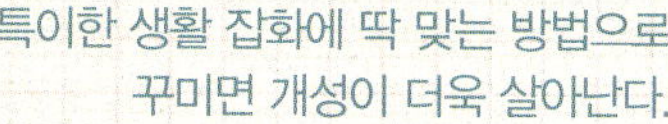

특이한 생활 잡화에 딱 맞는 방법으로
꾸미면 개성이 더욱 살아난다.

양철 장난감 오토바이에 비슷한
색의 하월시아를 심었다.

커다란 손잡이가 특징인 법랑 그릇.
높이가 있는 다육식물을 모아심어
그릇과 균형을 맞추었다.

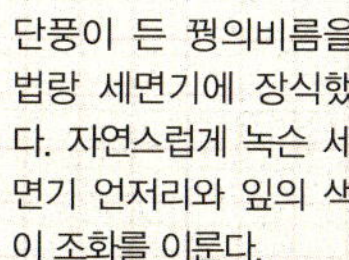

단풍이 든 꿩의비름을
법랑 세면기에 장식했
다. 자연스럽게 녹슨 세
면기 언저리와 잎의 색
이 조화를 이룬다.

가축 먹이통의 모양을 살려서 다육식물을 모아심기했다.
자연스럽게 잡초도 피어서 더욱 멋스럽다.

식물과 생활 잡화가 자연스럽게
녹아든 생활공간 만들기

식물과 생활 잡화를 일상에서 자연스럽게 즐
겨 보자. 다육식물은 특히 법랑이나 양철로
만든 소품에 심으면 잘 어울린다. 다육식물
을 심을 때에는 먼저 사용할 생활 잡화를 고
른 후에 여기에 맞는 품종을 생각해 보자. 어
떻게 장식해도 나름의 멋이 나는 게 다육식
물의 장점이니 망설이지 말고 도전해 보자.
생활 잡화를 장식품으로 변신시킬 때 다육식
물은 빠뜨릴 수 없는 단짝이다.

추천 **칠복신**

꽃처럼 생겨서 장식품은
물론 부케나 코르사주에
도 잘 어울린다.

Bloom
Bloom

GARDEN
À LA MODE
R. des Grands
Augustins

Le Ciel
Le Ciel
pour ton jardin
fleur
Le Ci

생활 잡화별 다육식물 장식법

어떤 스타일의 생활 잡화와도 잘 어울리는 다육식물.
이 장에서는 장식에 쓸 수 있는 생활 잡화를 소개하고
다육식물로 꾸며서 장식품으로 변신한 모습을 보여준다.
어떤 생활 잡화를 골라야
머릿속에 그린 모습대로 연출할 수 있을까?
멋지게 완성된 장식품을 보며
나만의 독창적인 디자인을 생각해 보자.

주방에서 오랫동안 본 낯익은 용품도 다육식물을 심으면 다르게 보인다. 오래되거나 질린 용품이 있다면 이용해 보자.

1

마멀레이드 그릇 ➕ 세덤

마멀레이드의 그릇에 세덤을 심어 보자. 창가에 놓은 하얀 그릇에서 자라는 녹색 세덤이 산뜻한 느낌을 준다.

2

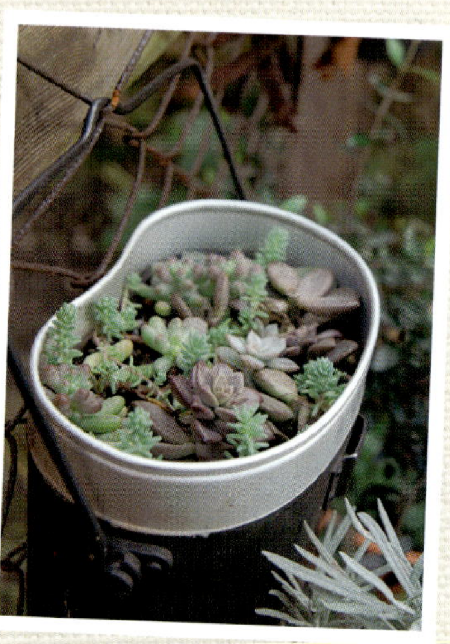

코펠 ➕ 모아심기

캠핑용 코펠에 에케베리아와 세덤을 모아심은 재미있는 아이디어다. 손잡이를 걸어서 장식하면 완벽하다.

3

주전자 ➕ 모아심기

법랑 주전자에 에케베리아와 세덤을 조화롭게 심어 보자. 다른 생활 잡화와도 잘 어울려서 인테리어 포인트가 된다.

4

머핀틀 ⊕ 모아심기

머핀틀에 세덤, 크라슐라, 센펠비움 등을 심어 보자. 빈 곳에는 작은 물뿌리개로 포인트를 주면 더욱 귀엽다.

머그잔 ⊕ 에케베리아 등

법랑 머그잔에 각종 다육식물을 심어 보자. 포기가 커지는 에케베리아나 위로 키가 크는 크라슐라를 심어 나란히 놓기만 해도 예쁘다.

5

6

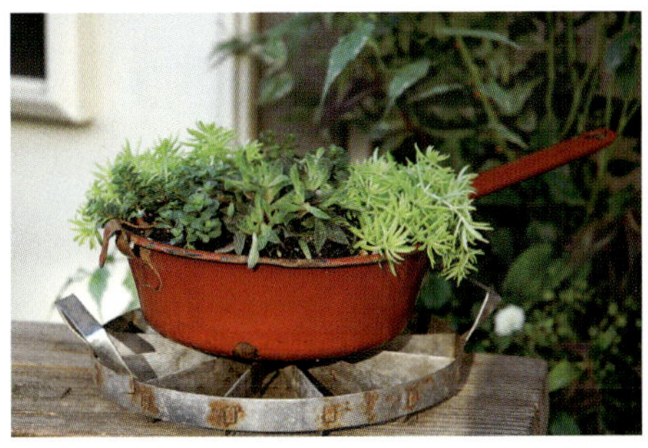

냄비 ⊕ 세덤

냄비에 세덤을 넘쳐나도록 심어 보자. 녹슬고 벗겨진 냄비를 사용하면 멋을 더해 준다.

7

치즈 그레이터 ⊕ 모아심기

치즈 그레이터 구멍에 흙을 채우고 세덤과 에케베리아를 심어서 독특하게 장식해 보자. 캔버스에 그림을 그린 것처럼 화사하게 연출할 수 있다.

주방용품

재활용품을 이용한 가드닝에서 빼놓을 수 없는 주방용품. 다육식물은 좁고 얕은 공간에서도 잘 자라므로 개성적으로 연출해 보자.

통

외국의 시골 분위기가 나는 통을 이용해 보자.

나무 손잡이가 달린 뒤집개

이끼와 작은 다육식물을 놓아 장식해 보자.

양철 계량컵

다육식물의 초록색 잎이 돋보이는 양철 계량컵. 키가 큰 계량컵을 고르면 줄기가 자라서 잎이 흘러내리는 모양을 즐길 수 있다.

오래된 철 빵틀

빛바랜 빵틀에 다육식물의 눈을 꽂거나 떨어진 잎을 놓아 아기자기하게 꾸며 보자.

철 에그 스탠드

여러 가지 다육식물을 놓으면 크리스마스트리처럼 장식할 수 있다.

작은 법랑 냄비

법랑 냄비에 다육식물을
심고 손잡이를 벽에 걸어
서 장식해 보자.

달팽이 요리 냄비

특이한 형태를 사용해서 움푹
들어간 곳에 눈을 꽂거나 세덤
을 놓고 키워 보자.

법랑 국자

빨간 손잡이가 귀여운 국자에 물이끼를
채우고 다육식물의 모종을 심어 보자.

우유통

키가 큰 우유통에는
흘러내리듯 자라는 다
육식물을 심어 보자.

법랑 머그잔

머그잔은 모양이 평범할수록 식물과
조화시키기 쉽다.

어떤 아이디어로 심느냐에 따라 어떤 생활 잡화와도 잘 어울리는 다육식물. 기본 생활 잡화로 개성을 만들어 내는 장식 방법을 확인해 보자.

1

꽃삽 ➕ 세덤

꽃삽의 둥근 부분을 이용해 세덤을 심어 보자. 적은 양의 흙에서도 자라므로 얕은 용기도 문제없다.

2

나무 바구니 ➕ 모아심기

빛바랜 분위기의 나무 바구니에 선인장과 다육식물을 심어 보자. 양철 물뿌리개처럼 오브제를 얹으면 포인트가 된다.

장난감 수레 ➕ 세덤

귀여운 장난감에 물이끼를 넣고 그 위를 덮듯이 세덤을 심어 보자. 과자틀에 다육식물을 심어도 좋다.

3

4

새 모이통 ⊕ 에케베리아

원형의 새 모이통에 흙
을 넣고 에케베리아를
빙 둘러서 심어 보자.
모이통의 모양을 잘 활
용하면 예쁜 케이크처
럼 연출할 수 있다.

5

유리병 ⊕ 모아심기

투명한 유리병에 에케베
리아를 중심으로 모아심
기를 해 보자. 물이끼를
사용하면 한결 시원해 보
인다.

6

케이크틀 ⊕ 세덤

정크 스타일의 테라코타 케이크틀에
세덤을 심어 보자. 리스처럼 비스듬히
세워서 장식하면 더 멋있다.

빵틀 ⊕ 세덤

보기 좋게 녹슨 오래된 빵틀에 세덤을 흘러
넘치듯이 심어 보자. 앤티크풍 울타리 장식
을 위에 걸치면 포인트가 된다.

7

정크 스타일 생활 잡화

정크 스타일 생활 잡화는 다육식물을 심기만 해도 완벽한 장식품으로 변신하는 것이 장점이다. 개성 있는 분위기를 살려서 멋지게 장식해 보자.

양철 물뿌리개

인상적인 그림이 그려진 물뿌리개를 화분으로 써 보자.

낡은 양동이

녹이 슬어 더 멋있는 양철 양동이는 화분으로 써도 좋고 재배용 흙이나 비료를 넣어서 장식해도 좋다.

양철 국자

정원에 물을 주고 비료도 뿌리기 좋은 국자에 다육식물을 심으면 멋진 화분으로 변신한다. 벽에 걸어서 장식해도 좋다.

옛날 다리미

나무 손잡이와 장식이 귀여운 옛날 다리미. 뚜껑을 열고 흙을 채워서 화분으로 쓰면 고풍스러운 분위기가 난다.

나무 서랍

칸막이로 구분한 나무 서랍에 물이끼를 깔고 다육식물을 심으면 다양한 품종을 한곳에서 즐길 수 있다.

테라코타 화분

가드닝 화분의 대명사인 테
라코타 화분을 살 때에도 이
끼가 낀 것을 고르면 센스
있게 연출할 수 있다.

철 바구니

대담한 디자인의 철 바구니에는
자유롭게 모아심기하면 좋다.

양철 화분

흘러내리는 품종의
다육식물을 심으면
매달아서 키우는 것
이 좋다. 바람이 불면
잎이 살랑살랑 흔들
리는 모습을 즐길 수
있다.

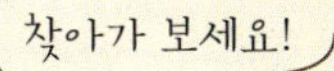

촛대

다육식물을 심은 화분을
올려놓거나 철사에 물이
끼를 돌려가며 붙여서
그 위에 다육식물을 심
어 보자. 독특한 구조를
이용하면 다양하게 연출
할 수 있다.

보물이 가득한 벼룩시장

벼룩시장이나 풍물 시장에 가면 골동품이나 개인이 내놓은
여러 가지 희귀한 생활 잡화를 만날 수 있다. 인터넷이나
잡지에서 정보를 모아 찾아가 보자. 저렴한 가격에 산 아이
템으로 색다른 분위기를 연출할 수 있다.

인테리어 소품처럼 즐길 수 있는 다육식물은 수공 예품 애호가들에게도 인기가 높다. 반짝이는 아이디어로 쉽게 만들 수 있는 장식품들을 살펴보자.

1

호두 껍데기 ✛ 세덤

호두 껍데기에 종류가 다른 세덤들을 모아심어 보자. 아기자기한 분위기를 만들 수 있다.

2

장식용 화분 ✛ 세덤

화분에 주트지(마 줄기로 만든 섬유)를 말고 철사로 만든 바구니에 넣어 보자. 세덤이나 크리핑 타임을 심으면 귀여워 보인다.

3

나무 액자 ✛ 모아심기

나무 액자에 페인트칠해서 망사를 덮고 에케베리아와 골룸을 모아심어 보자. 여백의 미를 살려서 벽에 걸면 명화 못지않게 아름답다.

4

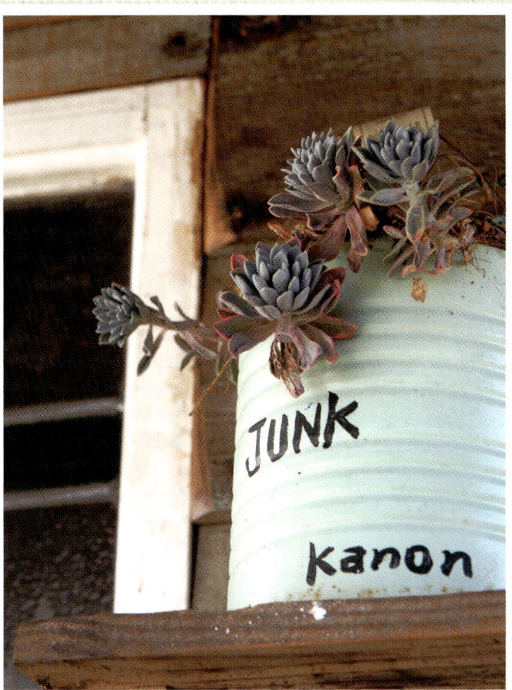

양철 깡통 ⊕ 세덤

크림색 페인트를 칠한 깡통에 글
을 써넣어서 세상에 하나밖에 없
는 나만의 수제 화분을 만들었다.

깡통 ⊕ 모아심기

깡통을 활용해서 만든 주머니에 세네
키오와 세덤을 심었다. 주머니는 콜라
주로 장식해서 독창성을 더했다.

5

6

오브제 ⊕ 세덤

작은 테라코타 접시에 세덤을
심어 종과 구슬로 장식한 오
브제다. 바람이 불면 종소리
가 나서 소리도 즐길 수 있다.

수제용품 재료

생활 잡화는 다육식물을 이용해서 자유자재로 꾸밀 수 있다. 직접 장식품을 만들 때 요긴하게 쓰이는 재료들을 알아보자.

귀여운 화분으로 변신하는 호두 껍데기

호두 껍데기는 공예품을 만드는 재료 중에서 가장 인기가 높다. 반으로 쪼개서 알맹이가 들어 있던 쪽에 다육식물을 심으면 깜짝 놀랄 만큼 귀여운 화분으로 변신!

멋스러운 인상을 주는 영어 신문

완성한 장식품에 포인트를 주고 싶을 때 영어 신문을 써 보자. 뜯어서 붙여도 되고 포장지로 써도 좋다.

정크 스타일을 살려 주는 알루미늄 집게

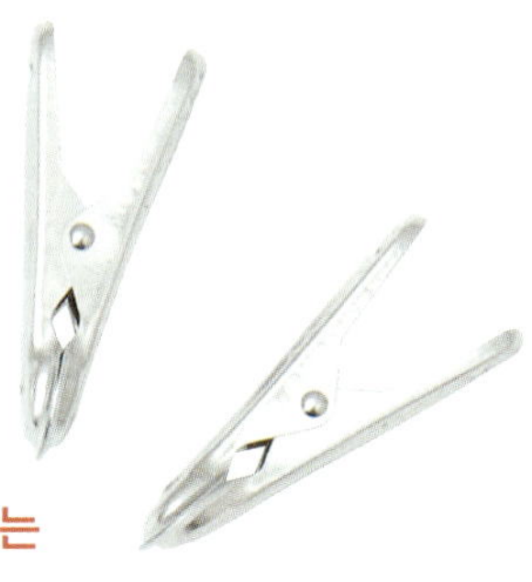

알루미늄 집게의 금속성 색감은 다육식물과 잘 어울린다. 장식을 마무리할 때, 포인트를 줄 때 사용해 보자.

소박한 맛의 대마 노끈

화분을 매달 때 유용한 자연스러운 질감의 대마 노끈. 바구니를 화분으로 만들었다면 손잡이에 둘둘 말아도 좋다. 평범한 생활 잡화에 멋을 더하는 재료다.

포장에 색감을 더해 주는 마스킹 테이프

색도 무늬도 톡톡 튀는 마스킹 테이프를 사용하면 개성을 표현할 수 있다. 다육식물을 심은 화분에 둘러서 장식해도 좋다.

부드러운 자연의 촉감을 느끼게 하는 주트지

소박한 촉감이 기분 좋게 느껴지는 주트지. 화분을 감거나 여기저기에 잘라서 붙이기도 편리한 재료다.

메시지를 전하는 원예 라벨

식물의 이름을 적어서 흙에 꽂을 때 쓰는 원예 라벨을 이용해 보자. 카드 대신 여기에 메시지를 적으면 기억에 남는 선물이 될 것이다.

활용해 보세요!

알아 두면 편리한 재료 스탬프

종이뿐 아니라 테라코타 화분이나 헝겊에도 스탬프를 찍어 보자. 알파벳이나 숫자 등 여러 가지 디자인을 사용해서 멋지게 장식품에 포인트를 줄 수 있다. 숫자나 알파벳은 나란히 찍기만 해도 귀엽다.

다육식물 ➕ 재활용품

연출하기에 따라서 깡통이나 깨진 그릇도 멋진 화분으로 변신한다. 분리수거를 하기 전에 한 번 더 생각해 보자.

1

통조림통 ➕ 세덤

눈에 확 띄는 색의 외국 통조림통을 화분으로 만들어 보자. 여러 가지 식물을 심어서 나란히 놓으면 한층 더 귀여운 분위기를 만들 수 있다.

2

깨진 화분 ➕ 세덤 등

깨진 화분도 다시 장식하면 색다른 화분으로 다시 태어난다. 깨진 테라코타 화분을 철사로 단단히 고정해서 눕혔다. 다양한 식물을 자유롭게 심으니 화분과 어우러져 편안한 분위기가 연출된다.

사탕 깡통 ⊕ 크라슐라

사탕 깡통의 윗부분을 잘라 내고 흙을 넣어
조그만 크라슐라를 심어 보자. 크라슐라의
잎이 동그란 사탕처럼 귀엽게 보인다.

달걀 껍데기 ⊕ 크라슐라

달걀 상자에 달걀 껍데기로 만든 화분
을 놓아 보자. 좋아하는 작은 소품과
함께 장식해서 변화를 주어도 좋다.

깡통 ⊕ 자지련화

키가 작은 둥근 깡통에 흙을 넣고 자지련화를
키워 보자. 작은 포기를 하나만 심어도 수염처
럼 줄기가 뻗으며 자라는 모양을 즐길 수 있다.

재활용품

굴러다니는 깡통이나 헌 봉투라도 정크 스타일로 다육식물을 꾸미면 귀여운 장식품이 된다. 무엇이든 버리기 전에 재활용할 아이디어를 생각해 보자.

어떤 모양이라도 OK!
외국 통조림통

정크 스타일 인테리어에서 빠질 수 없는 것이 무늬가 예쁜 외국 통조림통이다. 바닥에 구멍을 뚫어 배수가 되게 하면 어떤 종류의 다육식물도 심을 수 있는 화분이 된다.

물에 강한 기름종이

기름종이로 만든 봉투는 일반 종이봉투보다 튼튼하고 물에 강해서 화분 커버로 쓸 수 있다.

여러 가지 식물을 올망졸망
키울 수 있는 달걀 상자

종이로 만든 달걀 상자에 물이끼나 흙을 넣어 화분으로 활용해 보자. 칸막이가 있으니 좋아하는 다육식물을 칸칸이 심어서 보석함처럼 꾸며 보자.

훌륭한 화분이 되는 달걀 껍데기

포기가 작을 때에는 달걀 껍데기를 화분으로 써 보자. 숟가락으로 달걀 윗부분에 구멍을 내고 안을 깨끗이 닦아내면 앙증맞은 화분이 탄생한다.

다육식물로
집 안 꾸미기

다육식물은 구멍 없는 그릇에 심어도,
흙 대신 이끼를 깔아서 심어도 괜찮다.
가끔 햇빛을 받아야 하지만 매일 물을 줄 필요는
없어서 방에 놓고 키우는 사람이 늘고 있다.
이 장에서는 예쁜 장식품처럼
다육식물을 집 안에 놓고 키우는 방법을 살펴보자.

물이끼로 감싼 다육식물
을 호두 껍데기 속에 넣
었다. 호두 껍데기에는 오
래된 영어책을 조금 찢어
붙여 포인트를 주었다.

Arrange idea

물에 강하고 곰팡이가 잘 피지 않는 쐐기풀 주머니 활용하기

쐐기풀로 짠 주머니에 가죽끈을 달아 벽걸이용 화분으로 만든다. 다육식물을 심어서 창가나 문고리에 걸어 놓고 즐길 수 있다.

달걀 껍데기와 달걀 상자로 정크 스타일 연출하기

달걀 껍데기에 종려나무, 흙, 다육식물, 물이끼를 넣어 달걀 상자에 배치한다. 옆에 오래된 물건을 함께 놓으면 정크 스타일이 살아난다.

호두 껍데기로 포인트 주기

액자형 선반에 호두 껍데기를 놓아서 포인트를 준다. 호두 껍데기의 자연스러운 느낌이 주변의 앤티크 소품과도 잘 어울린다.

왼쪽 | 다육식물처럼 집 안에서 가볍게 즐길 수 있는 에어 플랜트.
오른쪽 | 다육식물과 드라이플라워로 직접 만든 소품으로 아틀리에처럼 꾸몄다.

이렇게 꾸며 보세요!

집 안의 장식품과 다육식물을 세심하게 배치해서 방 꾸미기

현관부터 거실까지 집 안 곳곳을 다육식물로 센스 있게 꾸며 보자. 다육식물은 달걀 껍데기, 벽에 걸린 장식품에 심어도 무럭무럭 잘 자란다. 자유롭게 구상하고 세심하게 배치하면 크기는 작아도 강렬한 존재감을 드러낼 것이다. 봄여름에는 흰색이나 투명한 구슬, 가을과 겨울에는 가죽 소재를 이용해서 화분을 장식하면 계절감도 즐길 수 있다.

로고와 라벨이 귀여운 빈 병을 화분으로 사용했다. 부분적으로 같은 계열의 색이 들어간 용기를 고르면 통일감을 준다.

2. 개성 넘치는 외국 통조림통 활용하기

스테인드글라스를 통해 들어오는 햇빛은 다육식물로 만든 녹색 공간의 분위기를 살려 준다.

물에 강하고 곰팡이가 잘 피지 않는 쇄기풀 주머니 활용하기

쇄기풀로 짠 주머니에 가죽끈을 달아 벽 걸이용 화분으로 만든다. 다육식물을 심어서 창가나 문고리에 걸어 놓고 즐길 수 있다.

달걀 껍데기와 달걀 상자로 정크 스타일 연출하기

달걀 껍데기에 종려나무, 흙, 다육식물, 물이끼를 넣어 달걀 상자에 배치한다. 옆에 오래된 물건을 함께 놓으면 정크 스타일이 살아난다.

호두 껍데기로 포인트 주기

액자형 선반에 호두 껍데기를 놓아서 포인트를 준다. 호두 껍데기의 자연스러운 느낌이 주변의 앤티크 소품과도 잘 어울린다.

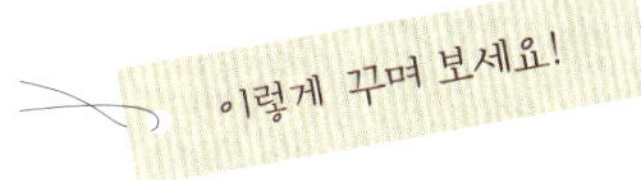

집 안의 장식품과 다육식물을 세심하게 배치해서 방 꾸미기

현관부터 거실까지 집 안 곳곳을 다육식물로 센스 있게 꾸며 보자. 다육식물은 달걀 껍데기, 벽에 걸린 장식품에 심어도 무럭무럭 잘 자란다. 자유롭게 구상하고 세심하게 배치하면 크기는 작아도 강렬한 존재감을 드러낼 것이다. 봄여름에는 흰색이나 투명한 구슬, 가을과 겨울에는 가죽 소재를 이용해서 화분을 장식하면 계절감도 즐길 수 있다.

왼쪽 | 다육식물처럼 집 안에서 가볍게 즐길 수 있는 에어 플랜트.
오른쪽 | 다육식물과 드라이플라워로 직접 만든 소품으로 아틀리에처럼 꾸몄다.

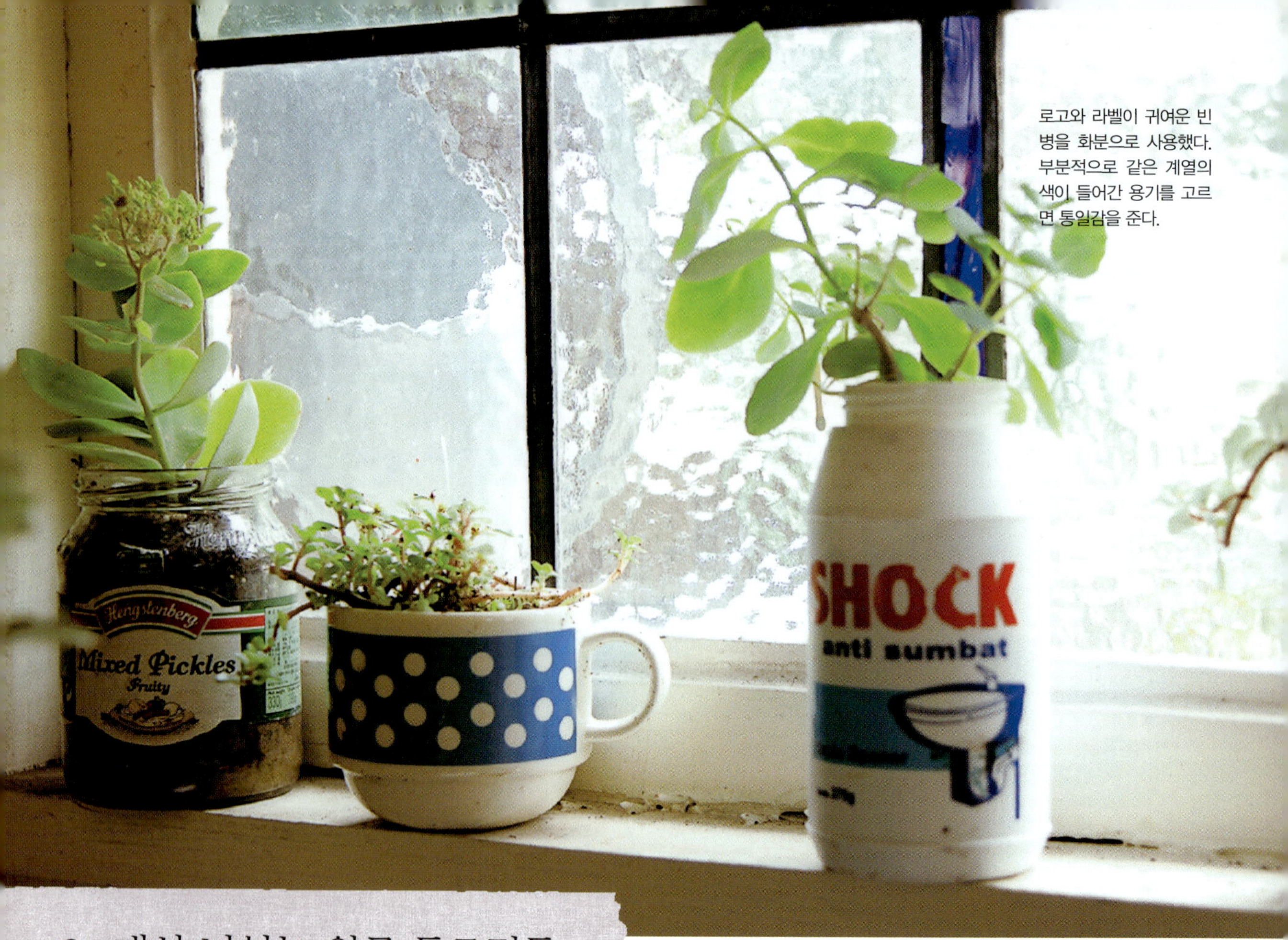

로고와 라벨이 귀여운 빈 병을 화분으로 사용했다. 부분적으로 같은 계열의 색이 들어간 용기를 고르면 통일감을 준다.

2. 개성 넘치는 외국 통조림통 활용하기

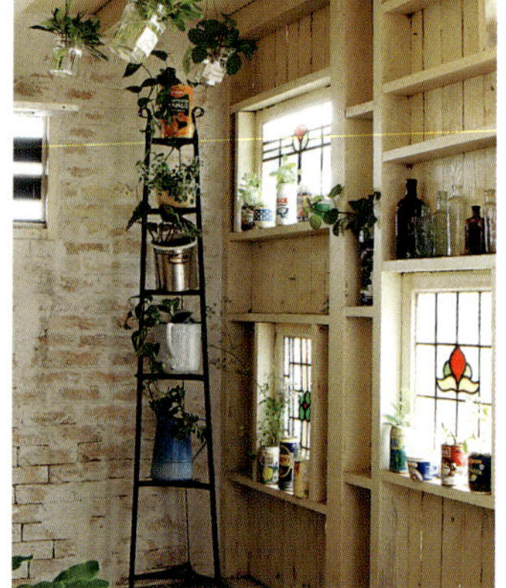

스테인드글라스를 통해 들어오는 햇빛은 다육식물로 만든 녹색 공간의 분위기를 살려 준다.

떨어진 잎도 예쁘게
나열하기

꺾꽂이할 잎을 깡통에 장식하듯 나열한다. 모양이 다른 조그마한 잎과 깡통이 귀여운 인상을 준다.

개성 있는 그릇으로
존재감 드러내기

특이한 구리 냄비를 화분으로 만들어서 흑갈색의 흑법사와 얼룩 아이비를 심는다. 키가 작은 화분과 살아 움직이는 듯한 식물의 조화가 돋보인다.

다채로운 녹슨 깡통
활용하기

흔히 보는 깡통도 다육식물과 궁합이 잘 맞는다. 녹이 슨 깡통은 정크 스타일을 더욱 살려준다.

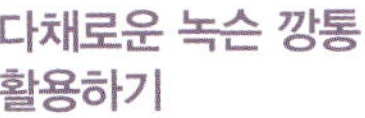

이렇게 꾸며 보세요!

자유분방하면서도 통일감이
느껴지는 공간 만들기

다육식물의 녹색과 생활 잡화의 다채로운 색을 조화시켜서 장식품을 만들어 보자. 통조림통이라도 모양이나 색이 귀엽다고 느껴지면 고민하지 말고 다육식물로 꾸며 보자. 원래 어떤 용도로 쓰는 물건이었는지 잊어버릴 정도로 예쁜 장식품이 된다. 여러 개의 깡통과 병이 있다면 모양으로 변화를 주면서 라벨이나 무늬는 색은 맞추어서 통일감을 살리자.

외국 생선 통조림통으로
색다른 분위기 연출하기

넓적한 외국 생선 통조림통을 모아심기에 활용한다. 독특한 모양과 그림은 정크 스타일을 만드는 데 한몫한다.

같은 크기의 화분에 선인장, 립살리스, 에케베리아 등을 심었다. 선인장은 꽃이 피는 품종을 고르면 더 예쁘다.

3. 깨끗한 배경에 어울리는 다육식물 포인트

다육식물이 돋보이도록 선반의 색을 골랐다. 바닥재는 선반과 어울리는 흰색 페인트로 마무리했다.

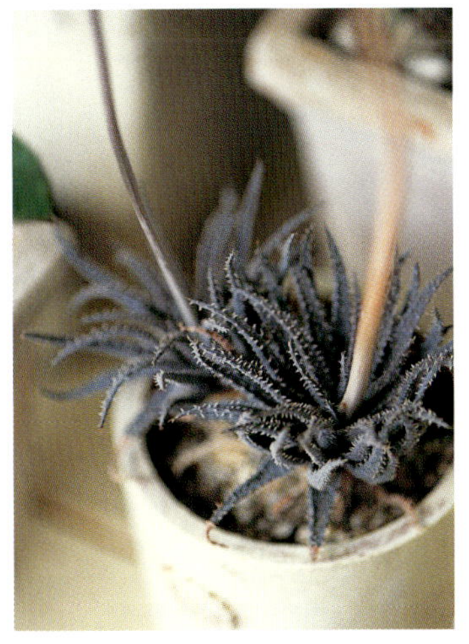

독특한 색의 다육식물 포인트로 심기

녹색을 주로 띠는 다육식물로 모아심기를 할 때 자색을 띠는 여왕금은 포인트가 된다. 독특한 색의 다육식물을 과감하게 배치하면서 모아심기를 즐겨 보자.

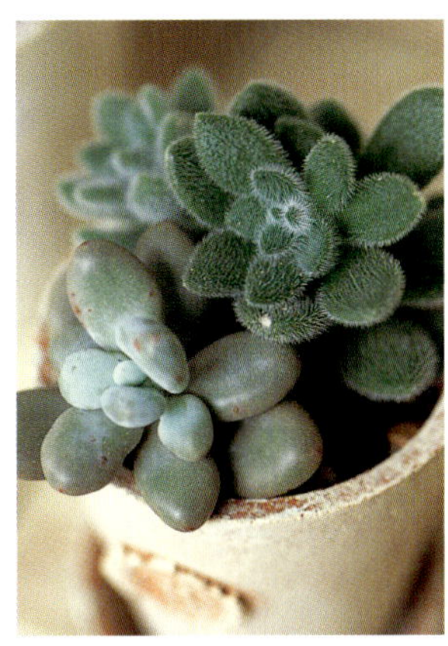

모양이 다른 품종 모아심기

윤기가 나는 월미인과 솜털이 특징인 세덤속 힌토니를 모아심는다. 잎이 두꺼운 다육식물의 특징을 살려 빈틈없이 심으면 더욱 아기자기해 보인다.

보기 싫은 밑동 가리기

낙엽수의 밑동에는 세덤이나 에케베리아속의 다육식물을 몇 종류 심어서 밑동을 가린다. 지면을 덮듯이 자라는 키 작은 품종을 고르는 것이 포인트다.

표정이 풍부한 품종들을 사이좋게 모아심기

다육식물의 주류인 녹색을 중심으로 검은색이나 자색을 띠는 개성 있는 품종을 모아심으면 잎의 색만으로도 풍성함이 느껴지는 정원이 된다. 미묘하게 다른 색과 형태를 살려서 모아심기와 배치를 즐겨 보자. 모아심기를 할 때에는 키가 다른 품종을 섞으면 변화를 줄 수 있다. 화분은 깨끗한 흰색을 고르면 다육식물의 소박한 맛이 살아난다. 선반과 마루도 자연스러운 흰색 계열로 통일해 보자. 배경이 단순하면 다육식물 고유의 자태가 한층 돋보인다.

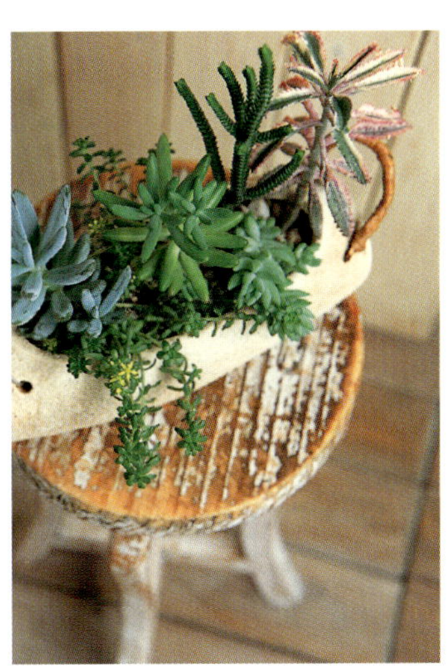

모아심기로 다육식물의 특성 즐기기

보트 모양의 화분에 여러 종류의 다육식물을 모아심는다. 만옥처럼 키가 자라는 품종을 중앙에 놓고 양쪽에는 아래로 처지는 옥주렴을 심으면 생생한 움직임을 만들 수 있다.

4. 오래된 가구에
잘 어울리는 소박한 화분

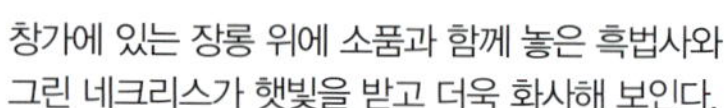

창가에 있는 장롱 위에 소품과 함께 놓은 흑법사와
그린 네크리스가 햇빛을 받고 더욱 화사해 보인다.

나뭇결이 그대로 전해지는 정
크 스타일 인테리어다. 여기에
녹색식물을 자연스럽게 배치하
면 더욱 산뜻한 공간이 된다.

Arrange idea

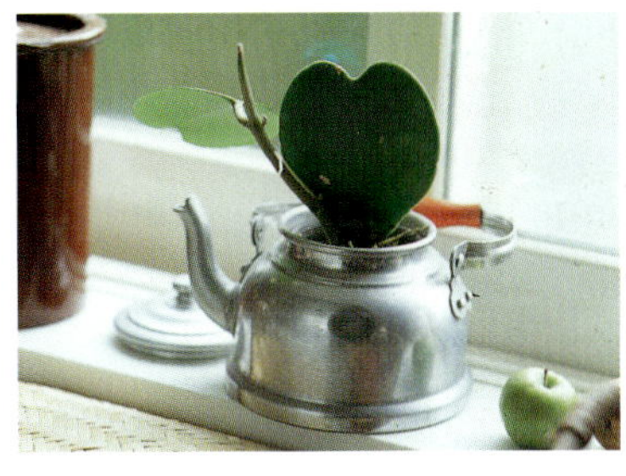

여러 가지 소품을 이용해서 변화 주기

양철 깡통에는 흑법사, 젤리를 담았던 용기에는 을녀심을 심었다. 손잡이가 떨어진 프라이팬에 화분을 놓으면 정크 스타일이 더욱 살아난다.

특이한 품종과 개성 있는 화분으로 재미있는 분위기 만들기

하트 모양 하트호야를 알루미늄 주전자에 심어 보자. 개성 있는 화분은 특이한 다육식물의 모양을 돋보이게 한다.

다양한 녹색식물 활용하기

사다리를 사용해서 화분을 배치한다. 슈가바인, 세덤, 수국의 드라이플라워 등을 함께 놓으면 다육식물만 장식했을 때와는 또 다른 느낌을 준다.

관엽식물을 함께 놓아서 풍성함 더하기

컨트리풍과 정크 스타일 인테리어 사이사이에 녹색이 보이도록 배치해 보자. 계절에 맞추어 집 안의 화분을 바꾸면서 변화도 즐겨 보자. 낡은 양철이나 법랑의 깡통과 양동이는 가구에 자연스럽게 어울리도록 배치한다. 다육식물만으로는 풍성함을 살리기 어렵다면 슈가바인이나 아스파라거스 스프렌거리 같은 관엽식물을 함께 놓아 보자. 온 집 안에 녹색을 균형 있게 배치하면 자연의 풍요로움을 집에서 느낄 수 있다.

주방 조리대를 선반으로 이용하기

주방 조리대에 녹색식물을 놓는다. 단조로움을 피하고 싶다면 두 번째 화분처럼 다른 색의 화분을 골라서 적절한 곳에 배치하면 된다.

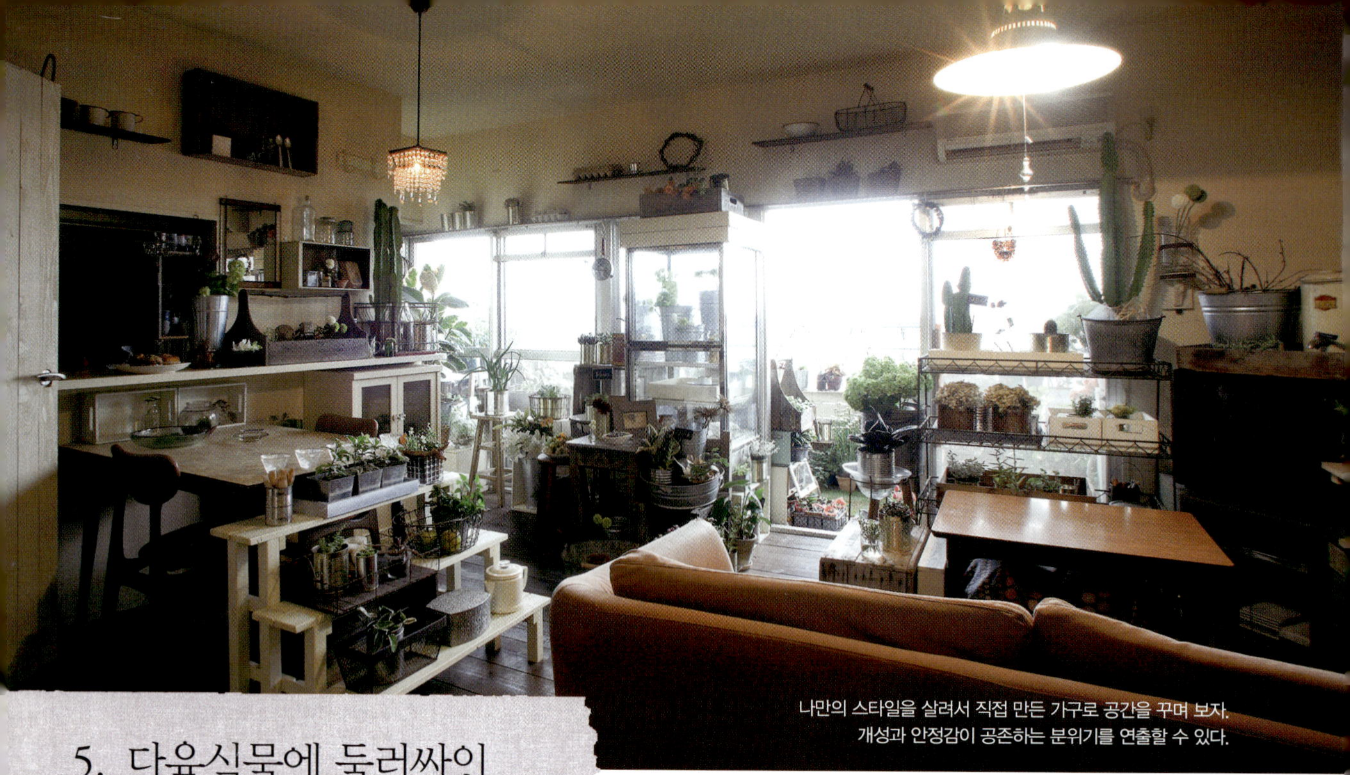

나만의 스타일을 살려서 직접 만든 가구로 공간을 꾸며 보자.
개성과 안정감이 공존하는 분위기를 연출할 수 있다.

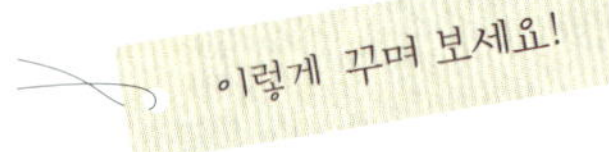

5. 다육식물에 둘러싸인 스타일리시한 공간

이렇게 꾸며 보세요!

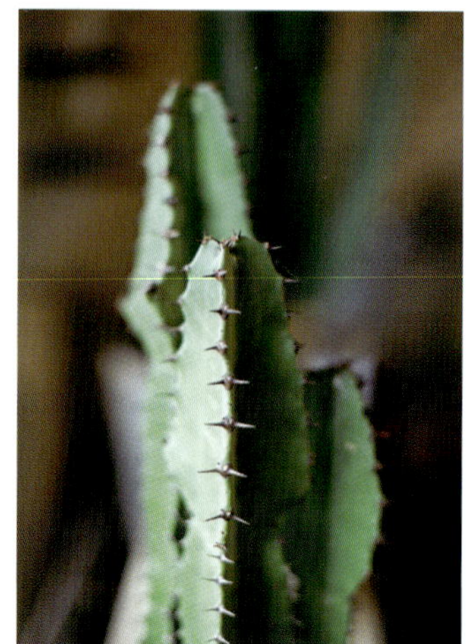

물을 거의 주지 않아도 건강하게 자라는 선인장은 초보자에게 딱 맞다. 키가 큰 선인장은 인테리어의 포인트가 된다.

직접 만든 가구와 식물을 세심하게 배치하기

집 안에 식물을 가득 채워서 식물원처럼 아늑한 공간을 꾸며 보자. 각각의 식물이 좋아하는 환경을 생각해서 베란다와 집 안에 적절히 배치해야 한다. 가구의 색이 단순하면 식물이 더욱 눈에 잘 들어온다는 점을 기억하자. 키가 큰 선인장은 벽으로 세우고 작은 다육식물은 선반에 보기 좋게 놓으면 자연스러우면서도 센스 있는 분위기를 연출할 수 있다. 가구의 색과 식물의 키를 세심하게 고려하면 인테리어의 완성도가 높아진다.

Arrange idea

여러 가지 소품을 이용해서 변화 주기

양철 깡통에는 흑법사, 젤리를 담았던 용기에는 을녀심을 심었다. 손잡이가 떨어진 프라이팬에 화분을 놓으면 정크 스타일이 더욱 살아난다.

특이한 품종과 개성 있는 화분으로 재미있는 분위기 만들기

하트 모양 하트호야를 알루미늄 주전자에 심어 보자. 개성 있는 화분은 특이한 다육식물의 모양을 돋보이게 한다.

다양한 녹색식물 활용하기

사다리를 사용해서 화분을 배치한다. 슈가바인, 세덤, 수국의 드라이플라워 등을 함께 놓으면 다육식물만 장식했을 때와는 또 다른 느낌을 준다.

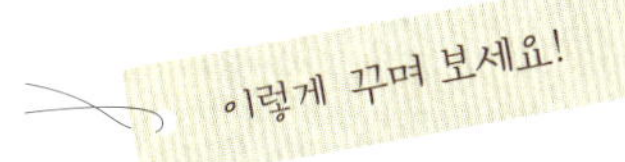

관엽식물을 함께 놓아서 풍성함 더하기

컨트리풍과 정크 스타일 인테리어 사이사이에 녹색이 보이도록 배치해 보자. 계절에 맞추어 집 안의 화분을 바꾸면서 변화도 즐겨 보자. 낡은 양철이나 법랑의 깡통과 양동이는 가구에 자연스럽게 어울리도록 배치한다. 다육식물만으로는 풍성함을 살리기 어렵다면 슈가바인이나 아스파라거스 스프렌거리 같은 관엽식물을 함께 놓아 보자. 온 집 안에 녹색을 균형 있게 배치하면 자연의 풍요로움을 집에서 느낄 수 있다.

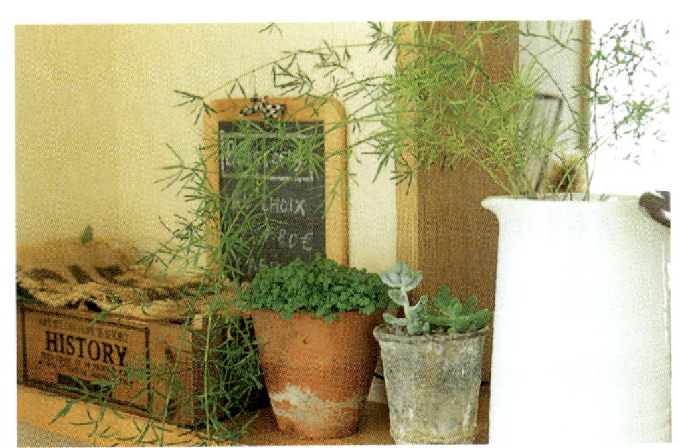

주방 조리대를 선반으로 이용하기

주방 조리대에 녹색식물을 놓는다. 단조로움을 피하고 싶다면 두 번째 화분처럼 다른 색의 화분을 골라서 적절한 곳에 배치하면 된다.

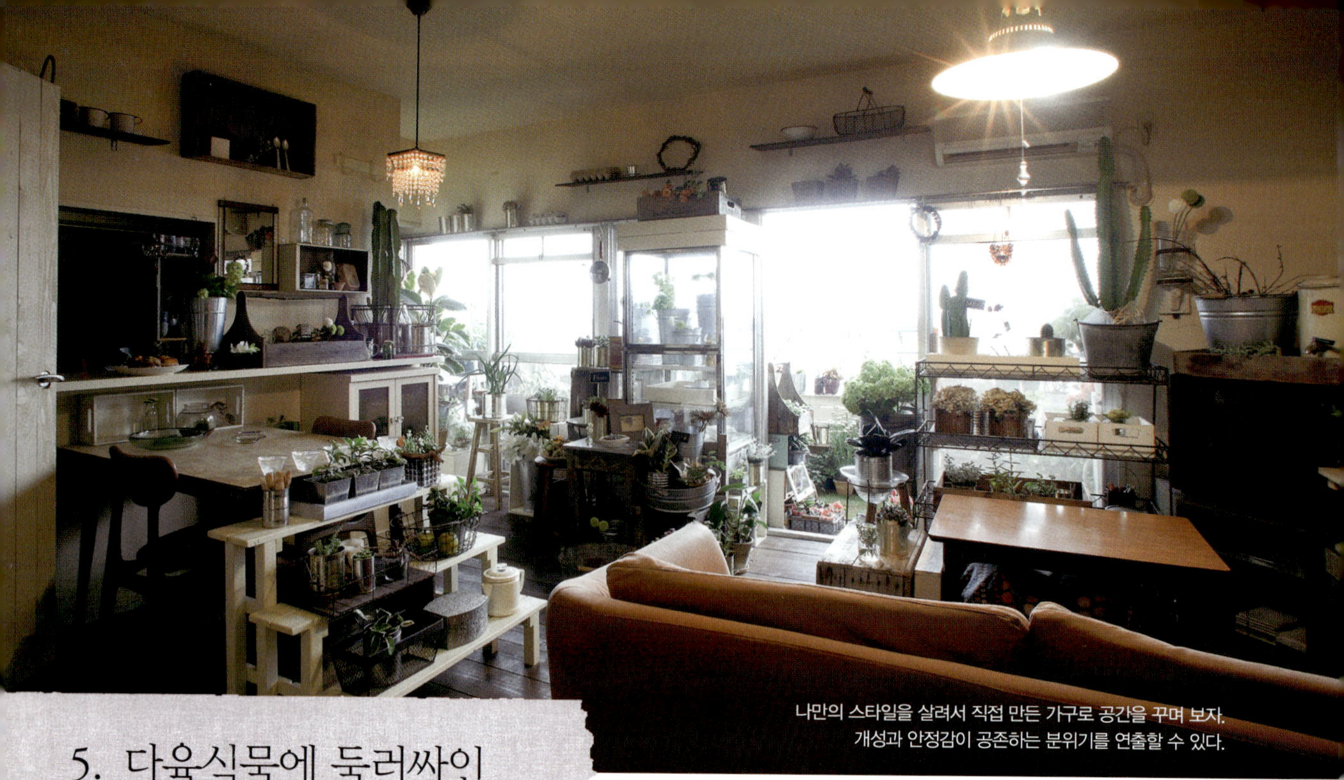

나만의 스타일을 살려서 직접 만든 가구로 공간을 꾸며 보자.
개성과 안정감이 공존하는 분위기를 연출할 수 있다.

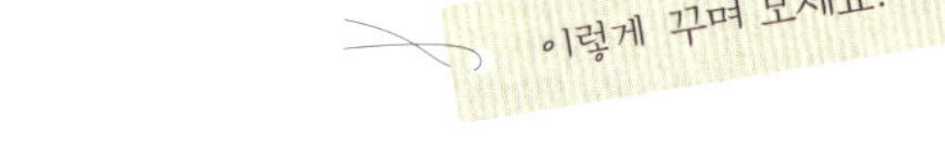

5. 다육식물에 둘러싸인 스타일리시한 공간

이렇게 꾸며 보세요!

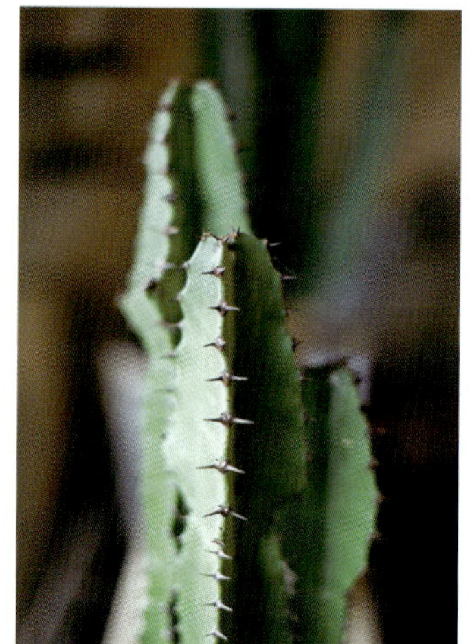

물을 거의 주지 않아도 건강하게 자라는 선인장은 초보자에게 딱 맞다. 키가 큰 선인장은 인테리어의 포인트가 된다.

직접 만든 가구와 식물을 세심하게 배치하기

집 안에 식물을 가득 채워서 식물원처럼 아늑한 공간을 꾸며 보자. 각각의 식물이 좋아하는 환경을 생각해서 베란다와 집 안에 적절히 배치해야 한다. 가구의 색이 단순하면 식물이 더욱 눈에 잘 들어온다는 점을 기억하자. 키가 큰 선인장은 벽으로 세우고 작은 다육식물은 선반에 보기 좋게 놓으면 자연스러우면서도 센스 있는 분위기를 연출할 수 있다. 가구의 색과 식물의 키를 세심하게 고려하면 인테리어의 완성도가 높아진다.

단순한 깡통에 단순하게 심기

라벨이 없는 깡통에는 작은 포기의 다육식물을
한 종류만 심는다. 다육식물이 통조림이 된 것처
럼 신기한 화분으로 변신한다.

습자지로 모종 꾸미기

와인색 습자지로 모종을 감싸서 같은 모양 용
기에 넣는다. 보색효과가 나타나서 다육식물
의 녹색이 더욱 선명하게 빛난다.

대형 선인장은
같은 계열 색
식물과 함께 놓기

눈에 띄는 커다란 기
둥 선인장은 주위에
같은 계열 색의 식물
을 배치해서 조화롭
게 꾸민다.

독특한 모양의 선인장 활용하기

선인장은 모양이 독특해서 작은 화분에 심어도 인테리어
소품으로서의 존재감을 드러낸다. 양철 깡통을 화분 커버
로 사용해서 선인장의 개성을 살려 보자.

선반과 벽에 각양각색의 생활 잡화를 걸어서 정크 스타일 인테리어를 완성했다.

Arrange idea

나무 상자 활용하기

정크 스타일 나무 상자에 세덤을 심은 화분과 민트를 심은 깡통을 넣는다. 한 상자에 모아서 장식하기만 해도 통일감이 생긴다.

선반을 달아서 벽 활용하기

나무 벽에 선반을 달면 장식하는 공간으로 변신한다. 높이를 이용하면 그린 네크리스가 흘러내리는 것처럼 연출할 수 있다.

이렇게 꾸며 보세요!

직접 만든 소품과 식물로 현관 꾸미기

창고처럼 편안한 현관을 만들어 보자. 나무판의 결이 보이도록 페인트를 칠해서 벽으로 세우고 직접 만든 소품과 녹색식물로 장식한다. 양철 깡통과 나무 상자는 정크 스타일의 분위기를 더욱 살려 주고 양초나 물뿌리개도 좋은 장식품이 된다. 사람이 드나드는 현관에서 가끔 양초에 불을 켜고 쉴 수 있는 안락한 공간으로 변신한다.

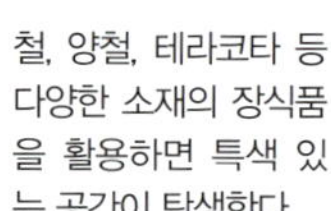
철, 양철, 테라코타 등 다양한 소재의 장식품을 활용하면 특색 있는 공간이 탄생한다.

꽃보다 예쁜
다육식물 인테리어

편 집 학습연구사
옮긴이 정원민

1판 1쇄 인쇄 2013년 6월 25일
1판 3쇄 발행 2019년 4월 29일

발행처 (주)옥당북스
발행인 신은영
등록번호 제300-2008-26호
등록일자 2008년 1월 18일
주소 경기도 고양시 일산동구 무궁화로 11, 한라밀라트 B동 215호
전화 (070)8224-5900 팩스 (031)8010-1066

값은 표지에 있습니다.
ISBN 978-89-93952-47-6 13520

이메일 coolsey@okdangbooks.com
홈페이지 www.okdangbooks.com

조선시대 홍문관은 옥같이 귀한 사람과 글이 있는 곳이라 하여 옥당玉堂이라 불렸습니다.
도서출판 옥당은 옥 같은 글로 세상에 이로운 책을 만들고자 합니다.

이 도서의 국립중앙도서관 출판시도서목록(CIP)은 e-CIP 홈페이지(http://www.nl.go.kr/ecip)에서
이용하실 수 있습니다. (CIP 제어번호 : CIP 2013006640)